"黎明"笔记

——配电抢修实战案例集

国网天津市电力公司　组编

中国电力出版社
CHINA ELECTRIC POWER PRESS

内 容 提 要

本书精选了"时代楷模"张黎明30年扎根工作实践中总结和积累的典型抢修工作记录,形成配电抢修实战案例集,以简洁专业的语言描述案例发生的背景、过程和分析处理过程,通过张黎明的总结与反思,记录他的思考过程,通过编者的感悟,提炼出张黎明的情怀。

全书包括"扎根基层 爱岗敬业""勇于探索 创新进取"和"甘愿奉献 为民服务"三章共27个经典案例,既有详细的文字描述,又有丰富的现场照片和视频资料(扫码看视频);既包含故障现场抢修的一手资料,又凝聚了张黎明"零故障"抢修两万次的深入思考;既有为居民服务甘于奉献的热道心肠,又有张黎明创新思维的火花碰撞。

本书可供从事配电抢修工作的一线员工参考使用,也可供电力企业广大员工学习。

图书在版编目(CIP)数据

"黎明"笔记:配电抢修实战案例集 / 国网天津市电力公司组编 . —北京:中国电力出版社,2018.11

ISBN 978-7-5198-2608-6

Ⅰ.①黎… Ⅱ.①国… Ⅲ.①配电系统－故障修复Ⅳ.① TM727

中国版本图书馆 CIP 数据核字 (2018) 第 281636 号

出版发行:中国电力出版社

地　　址:北京市东城区北京站西街 19 号 (邮政编码 100005)

网　　址:http://www.cepp.sgcc.com.cn

责任编辑:王 磊(010-63412354) 邓慧都(010-63412636)

责任校对:黄 蓓 李 楠

装帧设计:郝晓燕

责任印制:石 雷

印　　刷:北京博海升彩色印刷有限公司

版　　次:2019 年 1 月第一版

印　　次:2019 年 1 月北京第一次印刷

开　　本:710 毫米 ×980 毫米 16 开本

印　　张:7.25 拉页 1

字　　数:102 千字

印　　数:0001—5000 册

定　　价:48.00 元

编委会

平凡的浪花，奉献的情怀

平凡是一粒未知的种子，当播撒之初，无人能看到他的未来。但是，平凡可以孕育信念，可以孕育感动，可以孕育成功，可以孕育伟大。从张黎明身上所迸发出的那种奉献精神和创新火花，让我看到了一种力量，看到了一种希望。这是我读到《"黎明"笔记——配电抢修实战案例集》书稿后的第一感觉。

张黎明的愿望是简单的。他不止一次对我说过，但愿有一天，人们想用电就有电，但又感觉不到电力运行人员的存在。这就是电力人的最佳境界了。接着他又打了句比喻：电能就像风、水、阳光、空气一样，就在每个人身边，人们好像感觉不到，可没人能离开它。到那时，老百姓无论走到哪里都能享受到电能的馈赠，这就是电力人最大的愿望和畅想了。

从参加工作的那一天起，张黎明就与配网抢修工作紧密联系到了一起，并标出了自己的人生坐标。张黎明从塘沽供电局高压运行班的巡线工，到国网天津滨海公司配电抢修班班长的这段时间，目睹了滨海新区的发展变化，他熟悉这片热土就像熟悉自己的影子一样。这么多年来，陪伴他的交通工具也从老式自行车，到电动自行车，再到抢修汽车。张黎明的巡线抢修里程若是加起来，就有八万千米之多。

这么多年来，张黎明巡线累计可达八万多千米，相当于绕地球赤道两圈；他亲手绘制抢修线路图一千五百多张，成为天津电力抢修一线的"活地图"；他总结的案例集成为青年员工抢修的"小百科"；他总结并实践的现场工作"十二条纪律"成为全公司一线抢修队伍共同遵循的行为准则。

大海的力量是永恒的，它由平凡的浪花组成，挽起臂膀就可以冲破一切阻碍，向着美好的未来进发。这些平凡的浪花，抒发的是一种奉献的情怀，是一种高尚的境界。张黎明有句尽人皆知的口头禅："简单的事情重复做，重复的事情用心做。"我细细品味了一下，这话还挺有嚼头呢，想必张黎明就是凭着这样一股执着劲，才取得如此的成功吧。我想说，这部书的价值绝不仅仅是提供了张黎明师傅的抢修案例，更重要的是弘扬了张黎明的奉献精神。

愿这部《"黎明"笔记——配电抢修实战案例集》的问世，让更多从事配网抢修的电力工人从中受益，也让国家电网有限公司涌现出更多的张黎明式的蓝领工匠。

我热烈地期待着……

中国作家协会会员、中国散文诗学会理事、中国报告文学学会会员　剑钧

"时代楷模"张黎明扎根基层、埋头苦干三十一年，始终奋战在电力抢修一线。他爱岗敬业，累计巡线8万多千米，完成故障抢修作业近2万次，被誉为电力抢修的"活地图"；他勇于创新，依托黎明创新工作室，先后实现技术革新400余项，其中20多项填补电力行业空白，是知识型、技能型、创新型劳动者的杰出代表；他甘于奉献，模范践行全心全意为人民服务的根本宗旨。在工作实践中，他善于总结和积累，把平时遇到的典型抢修工作记录下来，用录音、视频等多种方式向身边的员工传授。我们将其中的一些案例经过整理，形成这本配电抢修实战案例集，面向从事配电抢修工作的一线员工，以简洁专业的语言描述案例发生的背景、过程和分析处理流程，通过张黎明的总结与反思，记录他的思考过程，通过编者的感悟，彰显出张黎明的为民情怀。

本案例集有区别于一般理论阐述较多的同类图书，精选张黎明30余年扎根配网抢修一线的经典案例，其中既有详细的文字描述，又有丰富的现场照片和技术数据；既包含故障现场抢修的一手资料，又凝聚了张黎明"零故障"抢修两万次的深入思考；既有为居民服务甘于奉献的古道热肠，又有张黎明创新思维的火花碰撞。希望本书可以为广大员工提供启示与思考，在学习张黎明抢修经验和工作技巧的同时，感受他埋头苦干的敬业精神，矢志创新的进取意识，为民服务的高尚情操，从而激发出勇做新时代奋斗者的强大正能量，传承薪火、开拓创新、服务人民，树立起一座座新时代产业工人的丰碑！

由于编写人员水平有限，书中难免有不足之处，敬请广大读者批评指导！

编者

目录

序　平凡的浪花，奉献的情怀

前言

第一章　扎根基层　爱岗敬业 ………………………………………… 1

案例一　10kV 同杆并架线路故障 ……………………………… 2

案例二　高压缺相故障 ………………………………………… 6

案例三　10kV 线路出口电缆高阻故障 ………………………… 9

案例四　10kV 用户电缆故障 ………………………………… 13

案例五　10kV 线路过河电缆故障 …………………………… 16

案例六　变压器跌落式熔断器故障 …………………………… 22

案例七　变压器高低压缺相故障 ……………………………… 25

案例八　架空变压器烧熔断器故障 …………………………… 29

案例九　用户变压器故障 ……………………………………… 33

第二章　勇于探索　创新进取 ………………………………………… 39

案例一　新型高压隔离开关 …………………………………… 40

案例二　新型可摘取式低压隔离开关 ………………………… 46

案例三　新型 10kV 全绝缘占位型驱鸟器 …………………… 52

案例四　可间接带电安装的绝缘护罩 ·················· 56

案例五　变压器低压侧的新型防护装置 ················ 60

案例六　导线上的"钢铁侠" ·························· 64

案例七　急修专用工具BOOK箱 ······················ 71

案例八　巧用低压保险片（一） ······················ 73

案例九　巧用低压保险片（二） ······················ 75

案例十　解决CF箱凝露的小方法 ···················· 78

第三章　甘愿奉献　为民服务 ·························· 81

案例一　多家漏电保护器故障 ······················ 82

案例二　单相用户低电压故障 ······················ 85

案例三　用户中性线带电 ·························· 87

案例四　用户漏电保护器跳闸 ······················ 90

案例五　"孪生卡"的诞生 ·························· 92

案例六　小门灯、亮万家 ·························· 95

案例七　巧用工具处理埋墙线 ······················ 98

案例八　低压用户相线漏电故障 ···················· 101

附录A　黎明精神系列课程 ···························· 104

第一章

扎根基层　爱岗敬业

简单的事情重复做，重复的事情用心做。久久为功，你就能成为大家眼中的行家里手。

我们抢修工作不但要懂技术、讲效率，更要有良心、讲党性。

干活要讲究不要将就！

做好故障抢修，技术精、地理熟是必需的！

扫码看视频

10kV 同杆并架
线路故障

案例一
10kV 同杆并架线路故障

一、关键词

同杆并架、混合线路、裸导线

二、故障描述

2008年10月23日8时55分，10kV 173、184线路速断保护同时动作，重合不良。173、184线路均为架空、电缆混合线路，线路出口电缆同路径，架空部分双回并架，有跨越道路，架空线为 LJ-150 型裸导线。

三、故障分析处理过程

第一步：23日8时55分，接到调度电话立即赶往 10kV173、184线路进行故障巡视。巡视发现两条线路的1号杆、25号杆寻址器变红，但并未发现明显故障点。寻址器存在误动可能，故增加抢修人员再次详细查找故障点。

第二步：23日9时36分，现场重新进行人员分工。因两条线路同时跳闸，两条线路后部电缆均为单电源单环网供电，电缆路径不同，同时发生故障可能性极小。第一次巡视过程中，未发现箱站内故障寻址器动作，初步判断故障可能为：①线路出口电缆遭受外力破坏；②双回并架架空线路发生故障。因此，安排一组人员查看出口电缆路径上有无外力破坏点，并对电缆进行摇测。另外两组人员对双回并架架空线路进行重点查看。

第三步：9时57分，三组人员向抢修负责人反馈，出口电缆路径无外力破坏，电缆摇测绝缘电阻正常，架空线路也未发现明显问题。

第四步：10 时 05 分，抢修人员聚在一起分析线路情况，进一步缩小查线范围，圈定两个疑似故障点：① 173、184 线 1~2 号杆线路，由水平改垂直排列，有混线可能；② 173、184 线 15~18 号段线路附近为工地，存在施工工程车辆等碰线后逃逸的可能。抢修人员于是又分为两组，对这两段线路进行重点查看。

第五步：10 时 20 分，当一组抢修人员步行到 173、184 线 1~2 号杆线路下方，用望远镜仔细观察后，发现 173、184 双回线路均有放电痕迹。该段线路挡距较大，约 60m，且线路为裸导线。1~2 号杆线路由水平排列变为垂直排列，导线弧垂较大，分析是在阵风作用下，发生混线造成短路，引起弧光放电，从而导致两条线路同一时间跳闸。另一组抢修人员对 15~18 号段线路查看，未发现问题。

第六步：10 点 40 分，向调度人员进行工作申请，履行许可手续，做好所需的全部安全措施。

第七步：将 1~2 号杆一档架空线路导线更换为 JKLYJ-150 绝缘导线，拆除地线，人员撤离。

第八步：送电正常，向调度交令，工作终结。

四、总结反思

架空电缆混合线路中，架空线路故障寻址器存在误动或拒动的可能，处理故障时易被误导，一般只作为查找判断故障位置的参考依据。而箱站内电缆的故障寻址器准确度较高。线路重合时，混线部分未分开，待抢修人员到达后，混线部分已脱开，给故障查找带来困难。

两条线路同时间跳闸，应重点考虑：①同路径电缆是否遭受外力破坏；②同杆塔并架线路段是否有倒杆、混线等故障；③两条线路联络处是否有故障点。

　　线路架空部分巡视，应根据天气情况及周围环境有针对性地进行巡视。当架空线路排列方式变化时，挡距较大，线间距离不易保持，尤其在大风天气时，此处问题是巡视重点。加快线路绝缘化改造，及时对破损线路进行绝缘修复，可大大减少混线故障的发生。

五、编者感悟

　　张黎明同志在多年的抢修工作中，不断积累经验，并及时总结。针对复杂故障，总结出故障查找的重点，缩短了故障排除的时间。

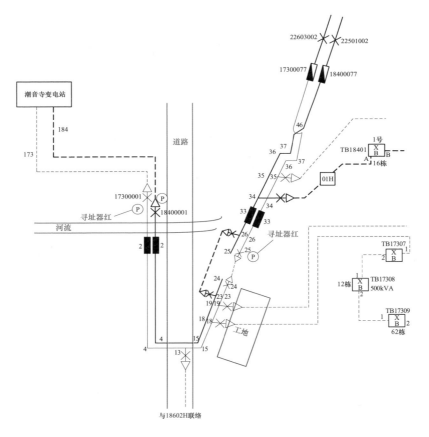

故障线路接线方式

小·贴士

1.双回路同杆并架：为了减小出线走廊，节约用地，提高供电可靠性，在同一个杆塔上架设两回线，即两回 A、B、C 三相。导线在杆塔上的排列形式大体上可以分为三类：水平排列、垂直排列和三角形排列。

水平排列也就是一根横担布置三根导线（10kV）或者四根导线（0.4kV），低压 0.4kV 一般采用水平排列方式。

垂直排列一般用于双回线路或者单回偏横担垂直布线，双回线路一般电杆两侧各为一回线路。

三角形排列一般用于单回或者双回线路，单回线路时，杆顶一相，横担上电杆两侧各一相；双回线路时，距杆顶的横担每侧为一回线路的中相，下层横担电杆两侧各两相，电杆每一侧为一回线路。

2.挡距：架空线路相邻两杆塔间悬挂点之间的水平距离。

3.电缆接头：又称电缆头，电缆敷设好后，为了使其成为一个连续的线路，各段线必须连接为一个整体，这些连接点就称为电缆接头。电缆线路中间部位的电缆接头称为中间接头，而线路两末端的电缆接头称为终端头。

电缆终端

扫码看视频

高压缺相故障

案例二 高压缺相故障

一、关键词

高压缺相、部分用户无电

二、故障描述

2012 年 8 月 20 日，天气大雨，10kV 碱 62 断路器跳闸，重合不良。通过巡线检查发现 6202004 号杆上挂有异物，导致线路相间短路。向调度人员申请后，清除线路上异物，调度恢复送电，但送电后，仍有部分用户无电。

三、故障分析处理

第一步：到达现场后根据用户反映信息，发现碱 6201 分支、碱 6202 分支的所有变压器所带多栋楼出现部分用户无电，且都为中相用户，因此判断碱 6201 分支、碱 6202 分支的所有变压器少中相。一般少相是跌落式熔断器跌落或保险烧坏，但很少有一条线路上同时出现此情况，故怀疑主线路有缺相。

第二步：对碱 62 主线路进行巡查，发现主线路搭火点良好，无断引线故障，怀疑碱 6200001 号隔离开关烧中相。

第三步：检查碱 6200001 号隔离开关，未发现问题，向调度人员申请，摇测出口电缆，证明电缆无问题。因此怀疑碱 6200002 号杆断路器存在问题。

第四步：向调度人员进行工作申请，并履行许可手续，做好所需的全部安全措施。

第五步：对碱 6200002 号断路器进行试验，断路器绝缘良好，测量主回路电阻时中相电阻无穷大，判断主线断路器故障。

第六步：拉开碱 6200001 号隔离开关、拉开碱 6200002 号断路器，合上碱 6200021 号隔离开关，合上碱 6100018 号联络断路器，由碱 61 线路反带碱 62，恢复送电，向调度交令，工作终结。

第七步：转配电工区检修班进行更换断路器工作。

四、总结反思

本次故障处理后仍有部分用户无法正常用电，说明线路上还存在其他故障，要对线路再次进行检查。根据停电用户的共同点，初步判断线路故障点。按照从易到难方式进行排查，首先巡查线路，然后对线路上的设备逐个检查，找出故障根源。

10kV 线路保护跳闸，重合不良，通常判断线路上有永久性故障，要对线路进行巡查。根据用户故障情况，可先通过检查 10kV 分支断路器跳闸情况，判断该分支上是否有永久性故障。故障设备如不能及时处理，应将故障点隔离后，由其他线路反带，快速恢复用户供电。

五、编者感悟

打铁还需自身硬，勤思考、爱琢磨，是张黎明长久以来养成的习惯。他扎根基层、埋头苦干、忘我奉献的敬业精神，是出于他的责任感和使命感，展现着我们当代电力工人的风采。

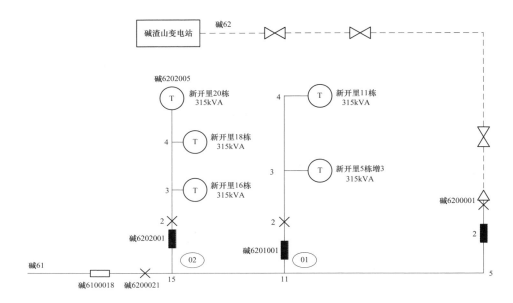

故障线路接线图

小·贴士

1.10kV 主干线：变电站或开关站馈出、承担主要电能传输与分配功能的 10kV 架空或电缆线路的主干部分，具备网络功能的线路段是主干线的一部分。主干线包括架空导线、电缆、断路器等设备，设备额定容量应匹配。

2.10kV 分支线：由 10kV 主干线引出的，除主干线以外的 10kV 线路部分。

案例三
10kV 线路出口电缆高阻故障

一、关键词

倒杆、电缆故障、过电流保护

二、故障描述

2008 年 12 月 4 日 21 时 16 分，10kV 783 线路发生过电流保护动作，出口断路器跳闸，重合不良。当时 01 分支所带用户已停运，分支线已挑火，02 分支所带用户已停运，78302015 号杆跌落式熔断器和隔离开关均已拉开。因现场天气寒冷，照明不足，风力达到六级，造成故障抢修困难。

三、故障分析处理过程

第一步：抢修人员接令后对 783 线路进行巡视，4 日 23 时 01 分，巡视发现 78300063 号杆发生汽车撞杆，因深夜风力较大，照明不足，安全风险较大，决定待明晨再做处理。

第二步：5 日 10 时 55 分倒杆故障点抢修完毕，经查线路无异常后，783 线路试送电，但发生过电流保护动作，出口断路器跳闸，情况未明。

第三步：经再次巡线，5 日 11 时 47 分，拉开 78300100 号杆断路器和 78303007 号杆断路器，停下架空分支线用户，第二次试送，过电流保护动作，出口断路器跳闸，证明故障点不在架空分支线，合上 78300100 号杆断路器和 78303007 号杆断路器。

"黎明" 笔记

第四步：5 日 12 时 28 分，拉开 78305027 号杆断路器，停下电缆分支线用户，第三次试送，783 线路过电流保护动作，出口断路器跳闸，证明故障点不在电缆分支线，合上 78305027 号杆断路器。

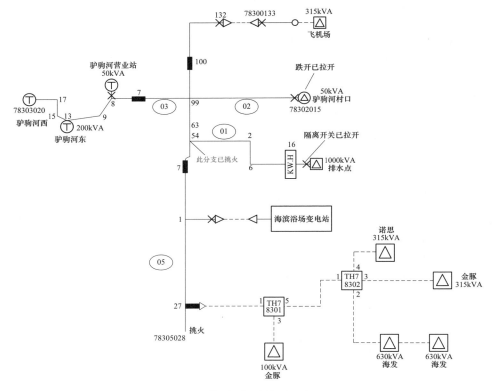

故障线路接线图

第五步：多次查线无故障，并经 3 次试送不成功，分析此故障是架空线路故障的可能性极低。将故障范围缩小至 783 线路出口电缆。5 日 13 时 20 分，向调度人员进行工作申请，拉开 78300001 号杆隔离开关，对双缆进行初步摇测，三相绝缘阻值较低，初判为出口电缆故障。

第六步：5 日 14 时 16 分，办理工作票，进站拆电缆头，对每条电缆摇测，确认其中一根电缆三相短路故障，将故障电缆挑缆后送电正常，向调度交令，工作终结。

78300063 号杆倒杆

四、总结反思

1. 线路发生故障时，处理后巡视无明显故障，一般采取分段试送。从撞杆故障跳闸到三次试送，全部为过电流保护动作。按照保护原理，速断、零序保护是 10kV 线路的主保护，过电流保护为后备保护，速断保护动作时，故障电流大、时间短，主要保护线路前段；过电流保护动作时，电流较小、时间长，可保护全段线路。因此，按过电流保护动作时，一般故障处于线路末端的经验，会判断本次故障发生在线路的后半段，所以最开始重点查找了线路末端。

2. 此次故障处理告诉我们，不能过度依赖以往的工作经验，线路设备发生故障原因受外界环境影响，会形成不同的故障结果。平常遇到的撞杆故障，由于故障电流的冲击，一般会造成断引、混线等二次故障，很少会出现将出口电缆冲击坏。而本次故障由于线路出口电缆敷设在海边盐碱地里，周围环境潮湿，中间接头受到腐蚀，绝缘存在缺陷。故障三相短路的冲击电流造成电缆高阻接地，引起线路保护过电流动作（而不是速断动作），误导了抢修人员对故障的判断。因此，查找故障时应依据客观实际情况，进行科学分析并不断总结，才能提高故障抢修效率。

3.10kV 线路电缆中间接头是一个相对薄弱的环节，我们应该重点巡视检查。

五、编者感悟

在发生故障时我们应系统思考，综合分析。如果仅通过表象及以往经验来分析，往往不能准确判断出事故发生的真正缘由。在日常工作中，应不断积累，善于发现，对疑难杂症深入研究，对工作技巧总结提炼，才能在关键时刻攻坚克难，为民解忧。

小·贴士

1. **电流速断保护**：指在 10kV 线路上装设瞬时动作的电流保护就叫电流速断保护，简称速断保护。根据对继电保护快速性的要求，在 10kV 线路上应装设快速动作的继电保护，确保线路故障时能及时切除故障。

2. **过电流保护**：通常指动作电流按躲开最大负荷电流进行整定的电流保护装置。在一般的情况下，它不仅能保护线路的全长，还能保护到相邻线路的全长，起到后备保护的作用，简称过电流保护。

3. **零序保护**：指在大电流接地系统中发生接地故障后，有零序电流、零序电压和零序功率出现，利用这些电气量构成的继电保护统称为零序保护。

案例四
10kV 用户电缆故障

一、关键词

高压绝缘电阻表、用户电缆、电压互感器

二、故障描述

2013年4月12日18时50分，南11线路出口断路器零序保护动作跳闸，重合不良。

三、故障分析处理过程

第一步：该线路为全电缆线路，首先对线路进行巡视，沿线路路径进行检查，逐一观察环网箱（室）、配电室、箱式变电站高压开关侧寻址器的指示情况。

第二步：故障线路巡视完毕后，未发现有故障寻址器动作，故采取分段摇测。

第三步：当摇测至 HH 南 1108 站负 3 开关下口去用户的电缆时，发现三相对地阻值为零，确认该用户（泵站用户）设备故障。

第四步：拉开用户（泵站用户）的进线负荷开关，试送全线再次跳闸，说明故障点仍然存在。在对其他设备摇测时发现另一用户进线电缆接地故障，隔离该用户后，送电正常，恢复线路供电。

第五步：泵站用户电工来到现场后，拉开用户变压器高压侧负荷开关，经再次摇测确认泵站用户设备没有问题，可以正常送电（因泵站用户电工不能及时到达现场，第一次摇测时未打开站门进行检查，用户高压进线负荷开关未断开，电压互感器高压侧中性点接地，因此摇测进线电缆显示接地）。

第六步：送电正常，向调度交令，工作终结。用户故障电缆由用户修复后再联系运维人员恢复其供电。

四、总结反思

目前寻址器尚不能完全准确指示故障点位置，可能会误导判断，只能用做参考，寻址器判断确定的电缆故障应用高压绝缘电阻表进行绝缘摇测验证后再确认故障。用户侧的电压互感器（TV）中性点接地时容易导致故障误判；营销相关规程规定高压供电客户建议在高压侧计量，配电变压器组别普遍为Dyn11，变压器一次侧不接地，相应的电压互感器建议采用 Vv 方式接线，该接线方式的电压互感器一次侧中性点也不接地。但是用户站一次侧是否接有电压互感器、中性点是否接地，都要以现场为准。对有电压互感器一次侧中性点接地的用户站进行了梳理，在系统接线图上进行标注，现场抢修时遇到此类用户站先把高压进线开关拉开，才能进行电缆摇测；其他用户站则可以不拉开高压进线开关直接摇测。

五、编者感悟

故障处理过程中，我们既要保证线路设备的正常运转，更要方便广大居民用电安全，真正实现人民电业为人民。张黎明从一名懵懂的学徒成长为资深的配电专家，是与他不局限于专业，不依赖经验的行事作风分不开的。遇到问题勤于思考，主动求知，是他工作三十余载不断攻坚克难，实现自我提升的一大法宝。

小·贴士

寻址器：由自动装卸部件、指示部件和电子复位部件三部分组成。发生短路时，故障电流的磁场迫使双扇形指示牌逆时针转动到特定的故障位置，使巡线人员在杆塔下用肉眼就可判断电力线路的故障方位，迅速测寻故障点。正常运行时，窗口为白色显示；发生短路、接地故障时，窗口为红色显示。

寻址器

案例五
10kV 线路过河电缆故障

一、关键词

分段试送、电缆摇测、电缆接地故障

二、故障描述

1. 2008 年 9 月 12 日 15 时 00 分，172 线路出口断路器零序动作跳闸，重合不良。

2. 172 线路概况：

线路以架空为主，故障指示器为老式设备，对接地故障无显示。用户配电室 2 座，分段断路器 4 台，变台较多。

三、故障分析处理过程

第一步：15 点 10 分，抢修人员对 172 线路进行全线分组巡视，至 16 点 20 分未发现明显问题，决定对全线试送，试送不成功。

第二步：抢修人员再次巡视，仍未发现明显问题，17 点 30 分拉开 17200036 号杆断路器，试送不成功。

第三步：17 点 35 分，拉开 17211001 号杆断路器与 17201006 号杆断路器，试送成功。

第四步：18 点 30 分，抢修人员对 17201006 号杆断路器以下线路巡视未发现问题，合上 17201006 号杆断路器，试送 17201006 号杆断路器以下线路，试送不成功，证明 17201006 号杆断路器以下线路存在故障。

第五步：向调度人员进行工作申请，并履行许可手续，做好所需的全部安全措施，采用绝缘电阻表摇测 17201006 号杆断路器以下两段电缆，确定为过河电缆出现故障。摇测过河电缆绝缘电阻，A、B 相对地分别为 55MΩ，C 相为 0，证明过河电缆 C 相接地故障。

第六步：将故障电缆隔离，故障电缆后部负荷倒由 176 线路供电。

第七步：送电正常，向调度交令，抢修工作终结，故障电缆转工区检修处理。

四、总结反思

一般重合不良故障未发现明显故障点时，不应全线试送。即使未能找到明显故障点也应分段试送，这样无论试送成功与否都能有效缩小故障范围。线路故障查找的总原则是：先主干线，后分支线。对经巡查未发现明显问题的线路，可以采取在断开分支线断路器后试送的方式，而后逐级查找恢复无故障线路。

一条 10kV 线路，主干线及各分支线一般都装设柱上断路器保护。如果各级保护时限整定得好，那么故障段就很容易判断。在线路发生故障跳闸时，首先应查看主干线柱上分段断路器及各分支线柱上断路器是否跳闸，而后对跳闸后的线路进行逐级查找，直到查出故障点。对装有线路短路故障指示器的架空线，还可借助故障指示器来确定故障段线路。

当查出故障点后，不应认为只要对故障点进行抢修后，线路就可以恢复供电，而终止了线路巡查。尤其当线路发生短路故障时，短路电流还要流经故障点以上的线路，会对线路中的薄弱环节，如线路分段点、T 接点、引跳线造成冲击而可能引起断线，所以还应对故障点以上线路认真进行全面巡视。

　　另外，线路故障的发现除自己查找外，还有很多故障信息来自于广大群众的积极告知，在指挥处理故障的过程中，务必收集一切有用的报修信息，不漏掉任何可能的故障点线索。

五、编者感悟

　　电力抢修人员在抢修工作中偶尔也会出现考虑不周或操作失误的状况。张黎明善于对各类抢修案例进行汇总分析，从不掩盖自己和身边同事抢修过程中存在的过失。从失败中汲取教训，总结经验，将各类抢修案例归纳建档并不断完善，形成便于抢修人员学习的抢修实战案例，为电力抢修工作提供借鉴依据。

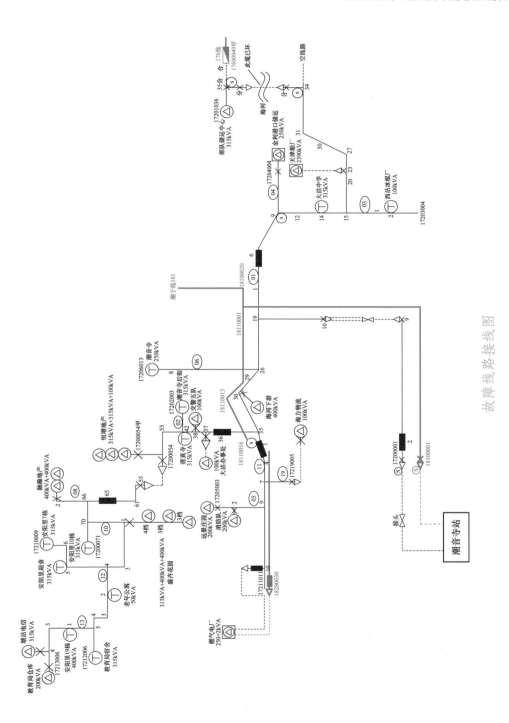

故障线路接线图

小贴士

1. **绝缘电阻表**：用于测量电气设备的绝缘电阻的兆欧级电阻表。按电源类型通常可分为发电机型和整流电源型两大类。发电机型一般为手摇（或电动）直流发电机或交流发电机经倍压整流后输出直流电压作为电源的机型；整流电源型由低压 50Hz 交流电经整流稳压（或直接采用电池电源）经晶体管振荡升压和倍压整流后输出直流电压作为电源的机型。

手摇式绝缘电阻表　　　　　整流电源型绝缘电阻表

2. **架空线路**：架空线路是将电能传输至用户侧，以实现输送电能为目的的电力设施。架空线路的优点是结构简单、架设方便、投资少，传输电容量大、电压高，散热条件好、维护方便。其缺点是占用土地，有碍交通、易受环境影响、安全可靠性较差。低压架空线路主要由电杆、导线、横担、绝缘子、金具和拉线等组成。

3. 电缆线路： 与架空线路相比，具有运行可靠，不易受外界影响，不占地面等优点，而同时也具有投资大，敷设维修困难，不易发现和排除故障的缺点。电缆主要由导体、绝缘层、护套层和铠装层等组成。

案例六
变压器跌落式熔断器故障

一、关键词

跌落式熔断器、变压器、电容器

二、故障描述

2008 年 7 月 10 日夜，某小区用户报修整栋楼停电，现场检查发现变压器一次侧跌落式熔断器熔管两相跌落，低压隔离开关熔丝两相烧断。

三、故障分析处理过程

第一步：现场需要更换低压熔丝和高压熔丝，向调度人员进行工作申请，并履行许可手续，做好所需的安全措施。

第二步：检查变压器本体无异物，检查低压线路无故障，拉开低压隔离开关更换低压熔丝，取下熔管并更换熔丝，合上三相跌落式熔断器，经高压验电器验电三相正常，变压器声响正常。

第三步：试合两边相低压隔离开关正常，变压器声音较大。试合中相低压隔离开关时，变压器异响，中相和一边相低压熔断器熔断。

第四步：拉开低压隔离开关，再拉开三相跌落式熔断器，变压器停电。做好安全措施后，拆除变压器一次、二次及中性线引线，摇测变压器内绕组对地绝缘电阻。先将二次绕组与外壳一起接地，测一次绕组对地绝缘电阻，再将一次绕组与外壳一起接地，测二次绕组对地的绝缘电阻。一次绕组绝缘电阻大于 350MΩ，二次绕阻绝缘电阻大于 10MΩ，证明变压器正常。打开储油柜注油口，无异味。

第五步：检查变压器副杆上的柱上电容器。打开电容器箱门后，发现电容器连接引线其中两相搭在一起，引起短路故障。

第六步：处理后送电正常，向调度交令，工作终结。

四、总结反思

遇有跌落式熔断器及两相故障时，变压器本身发生故障的情况很少，多数情况是由于外部设备出现问题引起的。在快速检查完变压器本体，排除变压器故障后，要仔细地排查可能引起故障的所有外部设备。这些外部设备不仅包括线路、表计、TA 等，还包含电容器及其他外接的低压设备。

五、编者感悟

电力工作的故障排查，要做到事无巨细。从上述案例中我们不难看出，引起设备故障的原因不一定是这个设备本身，还可能是与其关联的其他设备。张黎明在故障检修工作中逻辑清晰、考虑全面，不放过任何可能引起故障的环节。

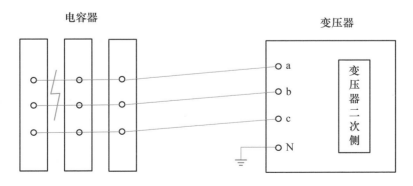

故障接线图

小·贴士

　　配电变压器：是一种静止的电气设备，它利用电磁感应原理将某一电压等级的交流电能变成频率相同的另一电压等级交流电能的设备。配电变压器按绝缘介质分为油浸式变压器和干式变压器；按调压方式分为无励磁调压变压器和有载调压变压器；按相数分单相和三相变压器。变压器是配电网的主要设备，在配电网供电中起着非常重要的作用，一旦出现故障，将造成较大规模或较大范围停电，直接影响企业和居民的正常供电。

变压器高低压
缺相故障

案例七
变压器高低压缺相故障

一、关键词

高压缺相、低压缺相

二、故障描述

2008 年 6 月 20 日，有用户报修，51406003 号架空变压器所带岷江里 1 栋没电。检修人员到现场后检查发现，用户家中电灯、电视等电器设备均不能正常使用。

三、故障分析处理过程

第一步：检查变压器二次侧低压隔离开关熔断器正常；变压器一次侧跌落式熔断器熔管没有跌落。

第二步：测量变压器二次电压。带负荷时，A 相 180V，B 相 175V，C 相 40V。

第三步：向调度人员申请停电，并履行工作许可手续，做好所需的全部安全措施。

第四步：拉开变压器二次侧低压隔离开关，同时确认没有接到高压故障和其他用户报修。

第五步：检查变压器，打开漏油阀，检查变压器油。没有发现变压器异常。

第六步：检查 514 线路。向电源侧检查高压线路，发现来电侧电缆杆

51406001号杆C相高压隔离开关在拉开位置,说明514线路C相高压缺相。

第七步:拉开BHK-118负1负荷开关,合上C相隔离开关,再合上负1负荷开关。再分别合上变压器一次侧、合上二次侧跌落式熔断器隔离开关后,测量变压器二次侧三相电压正常。送电正常,向调度交令,工作终结。

四、总结反思

运维人员和故障处理人员要熟悉供电线路各类设备,要熟悉线路路径,提高故障处理效率。一般高压缺相时,如跌落式熔断器缺相不跌落,或来电侧高压缺相,在变压器上的反映现象是:正常相的低压相电压有明显下降,缺相电压仅能维持电灯发出微弱灯光,其他电器均无法正常启动。低压缺相时,一般容易在外观上进行查找,并可根据用户反映判断。低压不缺相的用户因为中性线自成回路,照明用户可正常用,缺相户电压为0。

五、编者感悟

简单的事情重复做,重复的事情用心做。久久为功,你就能成为大家眼中的行家里手。张黎明正是在故障处理过程中,用心做,积累了丰富的实战经验,成为配电抢修战线中的行家里手。

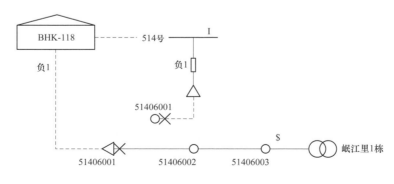

故障接线图

小·贴士

1. **开关设备：**配电网常用开关设备有很多，按分合能力分为断路器、隔离开关和负荷开关；按灭弧介质可分为真空、油、SF_6、空气等。由于开关设备种类多，数量大，分布广泛，维护操作工作量大，对供电可靠性影响重要。

2. **断路器：**是带有强力灭弧装置的开关设备，能够开断和闭合正常线路和故障线路，主要用于系统发生故障时，与保护装置配合，自动切断系统的短路电流，按照灭弧介质主要分为油断路器、真空断路器和 SF_6 断路器。

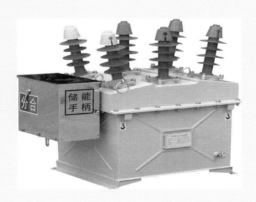

10kV 户外柱上真空断路器

3. **隔离开关：**是用来检修时隔离带电部分，保证检修部分与带电部分之间有足够的、明显的空气绝缘间隔。隔离开关一般和断路器配合使用，只能在电路被断开的情况下进行合闸或分闸操作。

高压隔离开关

4. 负荷开关：是一种介于隔离开关与断路器之间的结构简单的高压电器，具有简单的灭弧装置，常用来分合负荷电流和较小的过负荷电流，但不能分断短路电流。此外，负荷开关还大多数具有明显的断口，具有隔离开关的作用。负荷开关常与熔断器联合使用，由负荷开关分断负荷电流，利用熔断器切断故障电流。

10kV柱上负荷开关

扫码看视频

架空变压器烧
熔断器故障

案例八
架空变压器烧熔断器故障

一、关键词

跌落式熔断器、保险管燃烧

二、故障描述

每年雨季，滨海地区都会发生 20 余起架空变压器跌落式熔断器上的保险管燃烧故障，个别跌落式熔断器整体燃烧还会引起线路跳闸故障。经现场检查发现，燃烧的保险管全部为 RW-11-10/100.63 型跌落式熔断器（双面夹型）。其他类型如"鸭嘴"式跌落式熔断器、美式跌落式熔断器等变压器跌落式熔断器均无烧管现象的发生。

RW-11-10/100.63 型跌落式熔断器（双面夹型）

"鸭嘴"式跌落式熔断器

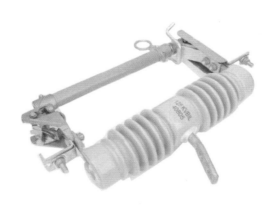

美式跌落式熔断器

三、故障分析处理过程

第一步：根据现场情况，判断是否能够带电更换跌落式熔断器。

第二步：向调度人员进行工作申请，并履行许可手续，做好所需的全部安全措施，带电或停电更换跌落式熔断器。

第三步：合入各相跌落式熔断器，合入变压器低压侧隔离开关。

第四步：送电正常，向调度交令，工作终结。

四、总结反思

1. 跌落式熔断器的一般工作原理：跌落式熔断器正常运行时，依靠保险管内熔丝的拉力保持正常状态；故障时，熔丝被大电流熔断，失去拉力的保险管上下接触件便以转轴为中心发生转动，依靠自身重量快速向下跌落，起到分断故障的作用。

2. RW-11-10/100.63 型跌落式熔断器（双面夹型）与其他如"鸭嘴"式、美式两种跌落式熔断器的区别，主要在于触头的接触方式的不同。RW-11-10/100.63 型跌落式熔断器是利用上静触头的片簧弹力夹紧触头（俗称双面夹型）。"鸭嘴"式、美式两种跌落式熔断器是利用圈簧的弹力压紧触头。从结合面上讲，RW-11-10/100.63 型跌落式熔断器是变单面接触为两面接触，有增大导电部分的接触面积的优点，同时在两个接触面压力的作用下，摩擦力也随之增大，造成了部分保险管内熔丝在低压故障中熔断后，保险管不能正常跌落断开故障相的现象，尤其是设备安装时，没有达到要求的15°~30°倾斜角（在运行工作中发现多次），保险管不能正常跌落，使上半截熔丝继续带电。当半截带电的熔丝遇到干燥绝缘正常的保险管时不会发生放电现象，但与潮湿绝缘能力降低的保险管接触时就会发生火花放电现象，从而引燃熔断器管，进而引发跌落式熔断器的燃烧。

3. RW-11-10/100.63 型跌落式熔断器在燃烧保险管故障方面，比其他两种跌落式熔断器更易发生故障，从减少故障和经济效益方面来说应及时更换为"鸭嘴"式跌落式熔断器或美式跌落式熔断器。同时为保障抢修的速度应保证熔断器管、熔丝的互换性，减少事故处理备件数量，建议一个大的运维检修区域内使用一种型号的跌落式熔断器。

4.对客户反映的电压缺相故障应及时检查，当跌落式熔断器静触头老化，动触头不能正常合上时，尽量不要将动、静触头绑扎固定在一起，发现熔断器管不能跌落时要及时修复，避免熔断器管燃烧现象的发生。

五、编者感悟

张黎明同志通过对多起跌落式熔断器保险管燃烧故障进行深入思考、多次论证，分析出故障为跌落式熔断器保险管本身构造及安装角度问题导致的，这对后期此类型故障的排除及处置提出了有效的指导性思路。此案例使我们更加深入地认识到，联系实际、勤思善悟对一名电力工作人员的重要性。只有平时对工作点滴积累，对疑难杂症深入研究，对工作技巧不断提炼，才能在关键时刻发挥重要作用。

小·贴士

跌落式熔断器：用于高压配电线路、配电变压器、电压互感器、电力电容器等电气设备的过载及短路保护。跌落式熔断器具有结构简单、价格便宜、维护方便、体积小巧等优点。其工作原理是：熔丝装于一个在电弧下能产生气体的绝缘管中，利用绝缘管在电弧作用下产生大量气体所形成的气流来吹熄电弧。熔丝熔断后，熔断器管能自动跌开掉下来，把电弧拉长而熄灭，同时将线路分断，形成明显的隔离间隙。跌落式熔断器的作用是当下一级线路或设备过负荷或短路故障时，熔丝熔断、跌落式熔断器自动跌落断开电路，确保上一级线路仍能正常供电。

案例九
用户变压器故障

一、关键词

混合线路、分段试送、箱式变电站

二、故障描述

1.2018 年 6 月 31 日 9 时 27 分，35kV 城东变电站 10kV 东汇 225 线路 B 相接地。

2.10kV 东汇 225 线路概况

（1）供电范围：10kV 东汇 225 线路为东开发区汇海道两侧用户供电，主要负荷有香格里拉、新湖凯华、意乐、天宝爱华以及游龙逸海小区等。

（2）负荷情况：10kV 东汇 225 线路用户变压器 20 台，变压器负荷 10290kVA；公用变压器 3 台，变压器负荷 815 kVA，线路总负荷 11105kVA，环网箱 7 台，环网室 2 座。

（3）道路情况：地处城区东部开发区内，距离城区较远，主要为大工厂区域，大货车较多，通行不便，到达现场需要较长时间。

故障线路接线图见文后插页。

三、故障分析及处理过程

第一步：9 时 27 分，接调度令巡线，未发现异常现象，决定分段摇测。10 时 10 分，到达东汇 225 线汇海道口西 2 号环网箱。摇测城东 35kV 变电站东汇 225 线路出口至汇海道口西 2 号环网箱电缆线路正常。拉开东汇 225 线汇海道口西 2 号环网箱负 4 开关，试送线路，送电成功。

第二步：10 时 19 分，到香格里拉 1 号环网箱，摇测香格里拉 1 号环网箱至东汇 225 线路末端电缆正常。初步确定故障点在线路架空部分，怀疑可能是用户设备故障。

第三步：10 时 50 分，拉开架空线路所有用户分支断路器，试送主线路：

1. 拉开东汇 22501001 号杆断路器；

2. 拉开东汇 22501003 号杆断路器；

3. 拉开东汇 22500003 号杆断路器；

4. 拉开东汇 22500008 号杆高压隔离开关；

5. 拉开东汇 22500009 号杆断路器；

6. 拉开东汇 22500010 号杆断路器；

7. 拉开东汇 22500011 号杆断路器。

向调度申请试送。先合上汇海道口西 2 号环网箱负 4 开关，送电正常，证明主线路无故障。再逐个试送用户分支开关，当试送到东汇 22500010 号杆断路器时，线路出现接地信号，从而确定故障点在东汇 22500010 号杆断路器以下，将东汇 22500010 号杆断路器拉开，隔离故障点，全线恢复送电，向调度交令。

第四步：11 时 22 分，到达东汇 225 线江涛工贸箱式变电站，发现箱式变电站变压器故障，属用户产权设备，通知用户自行维修，维修后通知运行人员，恢复其供电。

第五步：16 时 55 分，江涛工贸通知线路运行人员，损坏设备已经更换完毕，经现场确认无问题后，恢复其供电，工作终结。

故障处理过程如下图所示。

东汇 22500010 号杆断路器　江涛工贸用户故障箱式变电站

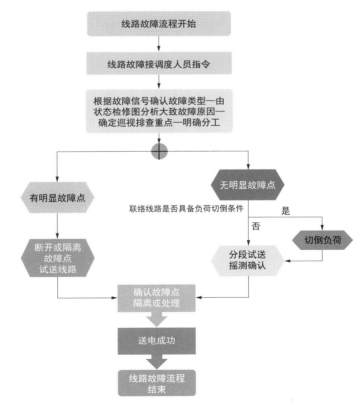

故障处理流程图

四、总结与反思

1. 故障难点

（1）用户设备产权属用户，有时给故障抢修人员查找故障带来困难。此故障由于用户设备未能定期全面的维护检查，变压器故障造成线路出口断路器跳闸。

（2）用户进线负荷开关没有保护功能，不能隔离故障，使故障停电范围扩大至整条线路。

（3）故障发生地处于城区东部开发区内，距离城区较远，主要为大工厂区域，大货车较多，给线路抢修工作带来较大的不便。

2. 总结及改进

（1）对于较长的混合线路，接线复杂，宜采取分段法查找故障，在配电站负荷开关处进行分段摇测。为快速恢复供电，可先将已确认非故障线路送电。

（2）查找线路故障，如巡视后未发现明显故障点，怀疑是用户设备故障时，可采取分户试送，先把架空线路去用户的负荷开关全部拉开，逐个试送，查找故障点；若用户电源侧只有跌落式熔断器，应先检查跌落式熔断器再判断故障点。

（3）为提升 10kV 配电网安全运行和专业管理水平，有效隔离用户内部故障，应加强用户站设备管理。去用户站开关宜采用断路器开关，并根据所带负荷设定保护定值，以便快速隔离用户侧故障。

五、编者感悟

不积跬步无以至千里，不积小流无以成江海。张黎明处理完故障后，认真剖析故障原因并总结经验，仔细查找改进方法，抓住事物的主要矛盾，提出切实可行的方法。他常说："作为一名基层抢修工人，肯于坚守，勇于追求，敢于提升，就是尽本分，讲政治。"

小·贴士

1. **箱式变电站**：安装于户外、有外箱壳防护、将 10kV 变换为 220V/380V，并分配电力的配电设施，箱式变电站内一般设有 10kV 负荷开关、配电变压器、低压断路器等装置。箱式变电站按功能可分为终端型和环网型。终端型箱式变电站主要为低压电力用户分配电能；环网型箱式变电站除了为低压用户分配电能之外，还用于 10kV 电缆线路的环进环出及分接负荷。

2. **环网柜**：用于 10kV 电缆线路环进环出及分接负荷的配电装置。环网柜中用于环进环出的开关一般采用负荷开关，用于分接负荷的开关采用负荷开关或断路器。环网柜按结构可分为共箱型和间隔型，一般按每个间隔或每个开关称为一面环网柜。

3. **环网室**：由多面环网柜组成，用于 10kV 电缆线路环进环出及分接负荷，且不含配电电压器的户内配电设备及土建设施的总称。

4. **环网箱**：安装于户外、由多面环网柜组成、有外箱壳防护，用于 10kV 电缆线路环进环出及分接负荷，且不含配电变压器的配电设施。

第二章

勇于探索　创新进取

工作着是快乐的，创新让工作更快乐。通过创新，让老百姓尽量感觉不到停电，生活质量能不断提升，我就特别有成就感。

作为一名基层抢修工人，肯于坚守，勇于追求，敢于提升，就是尽本分，讲政治。

创新本身就是一个不断试错的过程，所以要容许失败，经历过失败，反而意味着离成果又近了一步。

要把工作做好，就要有创新，有发现，有突破。

案例一
新型高压隔离开关

一、关键词

高压隔离开关、锈蚀、新型高压隔离开关

二、故障描述

2008 年 5 月 5 日，10kV 274 线路出现零序保护动作，出口断路器跳闸，重合不良。经查，27400098 号杆的隔离开关以下用户设备故障，调度要求拉开隔离开关，隔离故障，再正常送电，但发现隔离开关因锈蚀难以拉开。

三、故障分析处理过程

第一步：按常规操作流程，使用绝缘棒执行拉开隔离开关的操作，由于隔离开关锈蚀，抢修人员用时近 30min 仍未拉开隔离开关。

第二步：抢修人员向调度申请停电，做好安全措施后，登杆发现隔离开关操作环与闭锁钩之间锈死，使得闭锁钩与限位槽锁死，导致隔离开关不能正常拉开。

第三步：抢修人员使用锤子向后敲打闭锁钩，利用复合绝缘子立柱的小量位移使闭锁钩与限位槽脱开，隔离开关即可打开，实现故障隔离。

处理流程如下图所示。

故障隔离开关

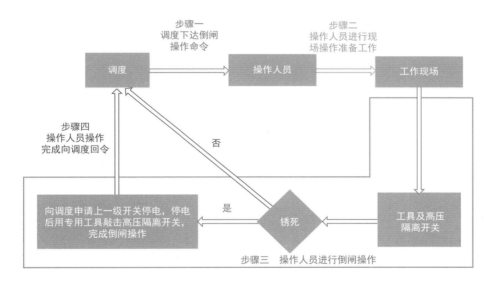

倒闸操作流程图

四、总结反思

10kV 高压隔离开关是一种常用的配电设备，通常安装在室外。由于日久风吹雨淋，会出现操作环与闭锁钩锈死的现象，导致隔离开关不能正常拉开，进而导致抢修时间加长，不能及时送电，严重影响抢修效率及用户使用。如果使用锤子敲打拉开锈蚀隔离开关，虽能快速恢复供电，但这种敲击必定会影响隔离开关的耐久性，减少隔离开关的使用寿命。

为从根本上解决此类问题，需从设备结构上进行改造，研制一种 10kV 新型高压隔离开关。新的隔离开关取消了老式闭锁钩与限位槽的设置，采用"门碰"工作原理，在静触头两侧各固装一个半球形凸起。在动触头刀片两侧与静触头凸起对应位置钻孔，在隔离开关闭合时形成新的闭锁机构，从而解决了老式隔离开关拉环部位的锈蚀问题。操作人员可以轻松地进行倒闸操作，使工作流程更为便利，避免了隔离开关锈死引起的向调度要令、申请打开上一级开关等环节。

五、编者感悟

创新源于专注，成果始于积累。10kV 新型高压隔离开关的研制，从根本上解决了隔离开关因锈蚀无法正常拉开的问题，使倒闸操作更为便捷，提升了工作效率，降低了停电时长；同时避免了因使用锤子高强度撞击，造成的设备损坏，一定程度上实现了线路高质量运行维护。

扫码看视频

高压刀闸

创新分享　新型高压刀闸介绍

10kV 高压刀闸是配电网中重要的开关电器，主要由导电部分、绝缘部分、传动部分和底座部分组成。一般与断路器配套使用，主要功能是保证 10kV 高压开关在检修工作时的安全，起隔离电压的作用。不能用于切断、投入负荷电流和开断短路电流。该创新获得国家实用新型专利。

张黎明与同事头脑风暴

10kV 新型高压刀闸有以下改进：

1. 取消了原有刀闸片状扁勾式的老式闭锁机构，采用"门碰"工作原理制作闭锁装置，即使生锈，也不会产生锈死现象。

新型高压隔离开关

2. 在刀片与动触头接触部位，两侧分别设置一个斜面凹洞，动触头两侧与刀片斜面凹洞对应位置各固装一个半球形凸起点，不但有效避免了对载流量的影响，而且利用斜面与球面的钝角接触，完成刀闸的可靠闭锁，相对老式高压刀闸不再因生锈而发生锁死现象。

3. 在刀片两侧与动触头接触端，各设置一个弹簧和扳型弹簧加强板，这使得斜面凹洞与半球形凸起点之间的闭锁功能进一步加强，使刀闸闭锁更加可靠，满足运行要求。

4. 刀片两侧的扳型弹簧加强板和弹簧采用合金钢材质，相对铜材质弹性性能更强。

5. 刀闸的支持物采用硅橡胶绝缘子，绝缘子内部为绝缘尼龙棒，绝缘尼龙棒与硅橡胶膨胀系数接近，避免温度剧烈升降引起绝缘子碎裂。

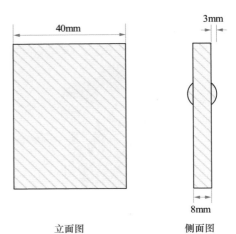

立面图　　　　　　　　侧面图

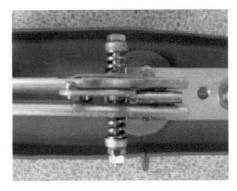

刀片两侧与动触头接触端

刀片两侧实物图

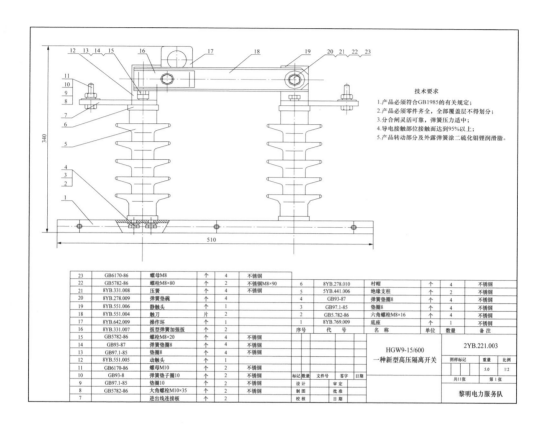

技术要求
1.产品必须符合GB1985的有关规定；
2.产品必须零件齐全，全部覆盖层不得划分；
3.分合闸灵活可靠，弹簧压力适中；
4.导电接触部位接触面达到95%以上；
5.产品转动部分及外露弹簧涂二硫化钼锂润滑脂。

23	GB6170-86	螺母M8	个	4	不锈钢
22	GB5782-86	螺栓M8×80	个	2	不锈钢M8×90
21	8YB.331.008	压簧	个	2	不锈钢
20	8YB.278.009	弹簧垫碗	个	4	
19	8YB.551.006	静触头	个	1	
18	8YB.551.004	触刀	片	2	
17	8YB.642.009	操作环	个	2	
16	8YB.331.007	板型弹簧加强板	个	2	
15	GB5782-86	螺栓M8×20	个	4	不锈钢
14	GB93-87	弹簧垫圈8	个	4	不锈钢
13	GB97.1-85	垫圈8	个	4	不锈钢
12	8YB.551.005	动触头	个	1	
11	GB6170-86	螺母M10	个	2	不锈钢
10	GB93-8	弹簧垫子圈10	个	2	不锈钢
9	GB97.1-85	垫圈10	个	2	不锈钢
8	GB5782-86	大角螺栓M10×35	个	2	不锈钢
7		进出线连接板	个	2	
6	8YB.278.010	衬帽	个	4	不锈钢
5	5YB.441.006	绝缘支柱	个	2	不锈钢
4	GB93-87	弹簧垫圈8	个	4	不锈钢
3	GB97.1-85	垫圈8	个	4	不锈钢
2	GB5.782-86	六角螺栓M8×16	个	4	不锈钢
1	8YB.769.009	底座	个	1	
序号	代 号	名 称	单位	数量	备注

HGW9-15/600
一种新型高压隔离开关
2YB.221.003
5.0 1:2
共11张 第1张
黎明电力服务队

新型高压隔离开关设计图

案例二
新型可摘取式低压隔离开关

一、关键词

单相接地、低压隔离开关、低压保险片

二、故障描述

2007 年，滨海某小区多家用户报修家中断电。经查为低压线路单相接地导致架空变压器二次侧低压隔离开关保险片烧断，造成用电故障。

三、故障分析处理过程

到达现场后，由用户侧向电源侧逐级检查低压线路，发现低压架空线路 3 号杆挂异物造成单相接地，查至架空变台时发现变压器低压隔离开关过火、保险片烧断。

处理架空变压器低压隔离开关保险片烧断故障需要停电更换保险片，故障处理过程如下：

第一步：现场确认故障类型为杆上挂异物，造成单相接地、架空变压器低压隔离开关保险片烧断。

第二步：准备更换保险片所需工具、材料，做好安全防护措施。

第三步：填写配电故障紧急抢修单，向调度申请停电，拉开架空变压器低压隔离开关，登杆拉开高压跌落式熔断器。在低压侧验电、挂接地线，在高压侧验电、挂接地线，做好安全措施后，抢修人员登杆挑下杆上异物。

第四步：在架空变台上进行更换低压隔离开关二次保险片工作。

第五步：拆除高压侧接地线、低压侧接地线及其他现场安全措施。

第六步：合上高压跌落式熔断器，合上低压隔离开关。

第七步：送电正常，向调度交令，工作终结。

处理流程如下图所示。

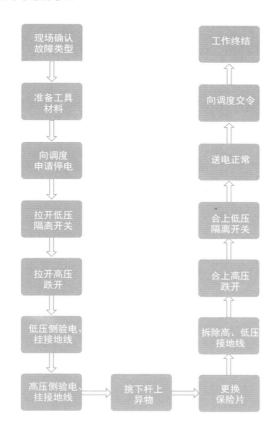

四、总结反思

在配电网故障中，因杆上挂异物等造成配电网架空变压器二次侧隔离开关保险片烧断的故障逐年增多。处理此类故障要在架空变台上停电作业，需要停整个变压器，扩大停电范围，抢修时间长，影响非故障相用户用电；且此类老式低压隔离开关的支持物为瓷质绝缘，运行两三年后，由于瓷质与铸铁膨胀系数不一致，遇雨天负荷较大时，冷热交替发生开裂，拉、合时易造成故障。

通过处理大量的故障案例，我们思考是否可以设计制作一种低压隔离开关，不用停电就可更换保险片。经过多次试验改进，我们利用了高压跌落式熔断器的设备结构，将刀片、保险片合为一体，将刀片做成可摘取式的思路，制作了新型可摘取式低压隔离开关。大大简化故障处理流程，提升了效率、保障了安全。同时故障处理只需要停用故障相，减少故障处理时间，缩小停电范围，使得在抢修故障中处理更快，效率更高，损失更低。

五、编者感悟

爱岗敬业是创新的源泉，善于思考，勇于创新的张黎明在工作中寻找创新的灵感。基于老式户外低压隔离开关保险片更换问题，他从保人身、保电网、保设备出发，认真研究总结分析，研制出新型可摘取式户外低压隔离开关，极大提高了工作效率，减少停电时间。张黎明身上所折射出的匠心和创心，也正是新时代下我们电力人孜孜不倦、努力奋斗的缩影。

扫码看视频

低压隔离开关

创新分享 新型可摘取式低压隔离开关

新型可摘取式低压隔离开关，利用高压跌落式熔断器的设备结构，改变原来低压隔离开关的结构，新型低压隔离开关主要包括隔离开关底座、支持绝缘子、上静触头、下静触头、上动触头、下动触头、绝缘过桥板、保险片，在绝缘过桥板的上端外侧设有开关拉环，下端设有摘取环和连接挂钩，低压隔离开关绝缘支持物更换为硅胶式。该创新获得国家实用新型专利。

新型可摘取式低压隔离开关

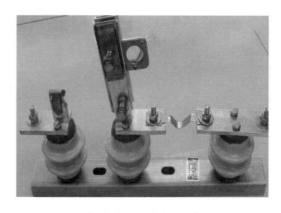

老式低压隔离开关

1. 刀片与低压保险合为一体，设计成可摘取式

故障抢修人员可以站在地面使用绝缘闸杆进行摘取更换，减少停跌开、验电、封地等流程，大大缩短低压隔离开关故障处理时间。同时，抢修人员不用登高作业，提高了工作的安全性。

2. 刀口为双面镀银触点条，底盘螺栓采用不锈钢防松螺栓

双面镀银触点条增加了刀片与静触头之间的接触面积，刀口在两侧弹簧的挤压下，与静触头的接触更加紧密，经测试，该隔离开关可以通过 800A 电流正常运行，触点较环境温升小于 1℃。不锈钢防松螺栓避免了螺栓锈蚀，防止安装时间长出现松动现象。

3. 刀片中间的绝缘过桥板采用带电作业材料板，绝缘子采用硅橡胶绝缘子，内部为绝缘尼龙棒，隔离开关连接挂钩设计成 130° 抛物线开口。

带电作业材料板满足强度、绝缘、耐热的要求。绝缘尼龙棒与硅橡胶膨胀系数接近，避免了温度剧烈升降引起的绝缘子碎裂，130° 抛物线开口的设

新型可摘取式低压隔离开关的研制过程

计方便了挂接。

4.工作人员可以站在地面上，使用绝缘闸杆可以将刀片挂接在挂接柱体上或从挂接柱体上将刀片摘取下来。

采用新型可摘取式低压刀闸使操作人员在更换低压保险时不用登高作业，可在地面带电操作，用绝缘操作棒拉开低压刀闸、摘下刀片直接更换保险片，方便快捷。同时，找出故障相后，不用三相停电，可只停故障相，减小了停电范围。

案例三
新型 10kV 全绝缘占位型驱鸟器

一、关键词

鸟巢、驱鸟器故障

二、故障描述

2017 年 8 月 22 日 15 时 57 分，潮音寺变电站潮 18 线路零序动作跳闸，重合良好。

三、故障分析处理过程

第一步：15 点 59 分，接调度通知，抢修人员前往现场开展故障巡线，两组抢修人员分别从潮 18 线路前段和后段开始线路巡视。

第二步：16 点 42 分，发现潮 1803003 号杆有鸟巢，电杆抱箍上方有明显放电痕迹。

第三步：16 点 51 分，向调控人员申请不停电处理潮 1803003 号杆鸟巢缺陷，带电将鸟巢挑下。经检查发现，驱鸟器转轴部分锈蚀不能转动，起不到驱鸟作用。

第四步：17 点 06 分，再次向调控人员申请不停电换装驱鸟器。带电更换故障驱鸟器，缺陷处理完毕。

第五步：17 点 37 分，继续对线路巡视，未发现其他故障点。

故障设备如下图所示。

故障驱鸟器

四、总结反思

配电网运行中，鸟害给配电网架空线路造成了极大危害。而现阶段广泛应用的驱鸟器普遍存在以下缺点：运行时驱鸟空间小，不能覆盖整个横担；长时间暴露在外的旋转轴承易锈蚀，构件易破损，带电拆卸不便等缺点。为解决这些问题，研制一种新型全绝缘占位型驱鸟器，不仅结实耐用，还能带电安装，有效提高了驱鸟效能，进而提升配电线路运行可靠性。

五、编者感悟

张黎明常说"工作着是快乐的，创新让工作更快乐"。他总能在抢修工作中找到创新点，通过不断的分析、总结，从工作和生活中寻找灵感并加以优化推广。往往看似一个简单的装置，却能解决棘手的大问题，保障了配电线路正常运行及居民用电安全。

扫码看视频

新型 10kV 全绝缘
占位型驱鸟器

创新分享 新型 10kV 全绝缘占位型驱鸟器

10kV 间接带电安装全绝缘占位型驱鸟器，采用硬质环氧树脂绝缘材料，采用占位器原理、防鸟刺原理，采用凸轮锁扣方式安装于 10kV 配电线路杆塔横担上，可解决传统驱鸟器驱鸟空间小，旋转轴承易锈蚀，带电安装地形等条件受限的问题，减少停电次数，减轻劳动强度，造价低廉，在架空线路设备上应用效果良好。该创新获得国家实用新型专利。

驱鸟器设计使用年限为 5 年，分为底座、十字形竖直件、仿生器件、风轮四部分组成。

1. 底座材质为黑色工程塑料。底座上方有槽位用于固定十字形竖直件，采用插销模式或者卡槽式（类似网线插头的水晶头），防止错位移动，并设置导水槽，以防止积水。底座下方的凸轮锁扣装置固定在横担上，凸轮锁机构为插销式，采用金属材质，并把拨轮的宽度尽量拓宽，以增大啮合面积有利于锁死固定。

2. 十字形竖直件。竖直件下端装配到底座槽位上，上部通孔安装非金属轴承。中轴为夹布胶木材质，两端断面为十字槽，可以使用螺丝刀固定，以方便安装、卸载风轮；中间竖直件自中轴以上部分横截面比中轴以下部分小，再往上的顶端设计为外丝扣，可以装配锥形顶或者其他装饰物。夹布胶木轴两端可以装配两个风轮轴。

3. 仿生器件部分。该器件为圆球形，球面为环绕鹰眼设计；鹰眼上端为锥形，有效防止鸟类落在圆球上；圆球为中空设计，可放置驱鸟剂，四周留有孔眼，可散发驱鸟剂的味道。

4. 风轮轴。根据横担上导线和线杆之间的距离大小分两种规格，一种是

4组风轮，一种是6组风轮。风轮上的锯齿刺呈三角形、在横竖两方向长短交错、横竖两个方向相邻两行补位交错；锯齿刺采用三角形设计，不要弧度，以减轻风轮重量。风轮轴一端留有内丝扣，可装配到十字形竖直件上，另一侧端可扩展，留有外丝扣。风轮轴在有风吹动或者有鸟下落时可以灵活平滑转动。

5. 采用间接带电安装方式。在绝缘杆上安装连接件，通过把操作杆连接件带凹槽端插入与之形状对应的装置底端，将驱鸟器架到横担上，通过使用连接件侧端将锁扣下拉，使锁扣与横担卡住，完成锁死。这种闭锁方式代替了传统的转动紧箍方式，提升操作便捷度，并方便驱鸟器带电拆卸。

驱鸟器设计结构图

案例四
可间接带电安装的绝缘护罩

一、关键词
绝缘护罩、带电安装

二、故障描述
2013 年 10 月 15 日，2200012 号杆断路器跳闸，22 线路零序过电流，保护动作，重合良好。

三、故障分析处理过程
工作负责人接调度令巡线，组织抢修车开展故障特巡。

第一步：抢修人员对 22 线路进行巡视。

第二步：巡视人员发现 2200012 号杆有鸟巢缺陷，确定故障点后，工作负责人将现场情况电话告知调度员。

第三步：缺陷处理完毕，继续对线路巡视，未发现其他故障点。向调度申请试送22线路，试送成功。

故障设备如下图所

故障现场照片

示。

四、总结反思

10kV 高压隔离开关设备因鸟害引起的故障占到 50% 以上，鸟害已经成为电力线路最大的危害源之一。目前普遍采用在隔离开关上加装防护装置的方式防范故障发生，但传统的安装方式施工成本高，流程复杂，造成防鸟罩安装效率不高。为解决这一问题，研究一种可间接带电安装绝缘护罩，实现使用绝缘杆带电安装，避免停电给用户带来的损失，降低用户投诉率，同时提高经济效益和可靠性，进一步保证抢修人员的工作安全。

五、编者感悟

黎明精神的产生，源于他对"努力超越、追求卓越"企业精神的孜孜追求，他常说，创新路上的"金点子"往往来源于对日常工作中出现的"绊脚石"的细心琢磨。他用传承与创新、专注与钻研、坚守与坚持，完美诠释了工匠精神。

扫码看视频

绝缘护套装置

可间接带电安装绝缘护罩是由绝缘刀闸防护罩和绝缘操作杆两部分组成。该装置由绝缘硅橡胶和绝缘环氧树脂作为主体组成，绝缘强度大，可以有效地与带电部分绝缘，保障了人身和设备安全。该项目获得国家实用新型专利。

可间接带电安装绝缘护罩

1. 绝缘刀闸防护罩。护罩主体为长圆形软质绝缘橡胶片，中部相隔距离有两个绝缘子设置孔，同时主体的两侧边缘部位有多个安装工具插入孔，用于和操作杆衔接。防护罩两端部位分别有向上凸出的多条横向加强筋，同时两侧边缘具有纵向加强筋，使防护罩能够紧紧贴合并包覆在刀闸底座的表面，因此能够防止鸟类在刀片和刀闸底座间搭巢而造成的配电线路故障等问题。

2. 绝缘操作杆。可实现将防护罩一次性安装牢靠，由支撑杆、横杆、四根耙臂和两根叉杆组成。操作杆回钩能与防护罩固定孔衔接吻合，施力后可满足操作杆回钩轻松抽出的安装要求。绝缘操作杆的下端有与常用绝缘操作杆相连的外螺纹；横杆的中部固定在支撑杆上端；四根耙臂的后端相隔距离固定在横杆上，前端形成有向下而后向后弯折形成的挂钩；叉杆呈 L 形，两根叉杆的后端相隔距离固定在横杆上，并且耙臂和叉杆均位于横杆的同一侧。

创新过程

3. 操作杆和防护罩的配合使用能够实现带电安装，且安装过程方便快捷，可以随时安装绝缘防护罩，解决了传统安装方式需停电或使用带电车作业的问题，避免了 10kV 线路鸟害、锈蚀、污闪故障带来的大面积停电，提高供电可靠性。缩短用户的停电时间，在安全效益、社会效益和经济效益三方面均有显著成果。

绝缘罩实物图

小·贴士

　　重合闸：当架空线路故障清除后，在短时间内闭合断路器，称为重合闸；由于实际上大多数架空线路故障为瞬时或暂时性的，因此重合闸是运行中常采用的自恢复供电方法之一。少数情况属永久性故障，自动重合闸装置动作后靠继电保护动作再跳开，查明原因，予以排除再送电。

变压器低压侧的新型防护装置

一、关键词
低压隔离开关、故障处理

二、故障描述
2013 年 1 月 16 日，因架空变台 87301 站低压隔离开关 A 相瓷柱式绝缘子老化，检修人员拉开低压隔离开关时瓷柱开裂，造成 A 相低压隔离开关合不上，导致部分用户无电。

三、故障分析处理过程
处理此类故障要在架空变台上进行更换低压隔离开关工作，故障处理过程如下：

第一步：现场确认故障类型。架空变台低压侧需更换 A 相隔离开关。

第二步：准备所需工具、材料。

第三步：向调度人员进行工作申请，并履行许可手续，做好全部安全措施。拉开架空变台低压隔离开关，拉开高压跌落式熔断器。分别在低压侧、高压侧验电、挂地线，做好所需的全部安全措施。

第四步：在架空变台上更换低压隔离开关。

第五步：拆除高压侧、低压侧接地线，拆除现场所有安全措施。

第六步：合上高压跌落式熔断器、低压隔离开关。

第七步：送电正常，向调度交令，工作终结。

故障设备如下图所示。

全景图　　　　　　　　　　　　局部图

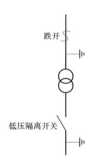

故障处理接线图

四、总结反思

配电变压器通常安装在电杆、台架等室外高空环境中，当遇到变压器低压侧故障时，如保险片熔断、低压隔离开关损坏等情况，抢修人员需要在低压侧某一相进行抢修，这时相邻相带电，故障点两侧无遮挡，很容易碰到两边带电部分，严重威胁人身及设备安全，同时还能造成电弧烧伤及设备损坏故障。如果停电作业，会扩大停电范围，增加故障处理时间。

面对这种变压器高压侧带电、低压侧相邻相带电的工作环境，我们从人员保护以及缩短抢修时间角度研究了在变压器低压侧台架上工作时的保护装置，以保证抢修人员人身安全和变压器的正常运行。此装置将故障点封闭起来与外界隔断，抢修人员在这种半封式防护装置下工作，避免了与两侧带电部分接触，与高压带电部位保持安全距离，同时还可防止高空坠物。

五、编者感悟

实践出真知，探索谋创新。随着电网建设的发展，新设备、新工艺投入使用后，我们抢修人员也需要不断去探索总结，在实践中积累经验，把生产现场当作创新阵地，将个人荣辱与公司发展相结合，助推公司实现卓越运营。

扫码看视频

创新分享 变压器低压侧新型防护装置

变压器低压侧台架工作新型防护装置

变压器低压侧台架上工作时的新型防护装置，具有半封闭式结构，由绝缘挡板主体、绝缘布及固定闭锁等部分组成，使用时通过绝缘挡板上特殊角度的平行四边形槽将其固定在台架上，采用了绝缘挡板与绝缘布相结合的设计，防止两侧电弧灼伤，同时也能防止高空坠物。

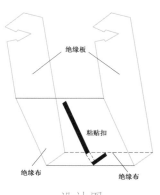

设计图

实物图

　　本装置结构简单、拆装方便、不易损坏、安全可靠，能够满足防相间短路、防单相接地故障，避免发生人为原因造成的短路故障，提高安全可靠性，可实现带电作业。同时不需要停三相电，大大减少停电户数，缩短抢修时间，为居民用户带来了方便。该项目获得国家实用新型专利。

案例六
导线上的"钢铁侠"

一、关键词

配电带电作业、人工智能

二、事件描述

2016 年 8 月 5 日，配电带电作业班人员接令对 10kV153 线路 7 分支 1 号杆开展绝缘手套作业法带电搭火作业。

三、作业过程

作业前，工作人员身着厚重的绝缘装备，并对可能触及的带电体和接地体都进行绝缘遮蔽，在高温、湿热的环境下开展了 60min 的高强度作业。

第一步：9 时 15 分，作业人员穿戴厚重的绝缘服，绝缘手套（线手套、绝缘手套、防穿刺手套）等绝缘防护用具，操作斗臂车靠近作业部位并进行验电。

第二步：9 时 20 分，按照由近及远、先带电体后接地体的顺序，使用绝缘毯、绝缘遮蔽罩等遮蔽用具对作业范围内的主导线、引线、电杆、绝缘子、横担等进行遮蔽，绝缘遮蔽工具之间保证至少 15cm 的搭接，遮蔽用到绝缘毯 20 余块、绝缘遮蔽罩 12 根。

第三步：9 时 45 分，按照由远及近的顺序进行引线搭接，剥除主导线及引线绝缘皮,搭火完毕后使用绝缘包布包裹搭火线夹,每相引线搭接完成后,恢复其绝缘遮蔽。

第四步：10 时 08 分，三相搭接完毕后，按照由远及近、先接地体后带电体的顺序，拆除现场绝缘遮蔽。

第五步：10 点 15 分，检查施工质量，确认作业范围无遗留物后操作绝缘斗臂车返回地面。

传统配电带电作业现场

四、总结反思

为了保障电力安全可靠供应，减少停电次数，国家电网公司目前大力推广带电作业技术。公司坚持"能带不停"原则，已基本实现配电带电作业常态化。配电带电工作量很大，一年带电作业大约五百次，其中 70% 为带电搭火。无论严寒酷暑，带电作业人员均需配穿沉重的绝缘装备，操作绝缘斗臂车并在高空进行绝缘遮蔽、剥绝缘皮、固定搭火线夹、绝缘遮蔽罩恢复绝缘等一系列工作。操作步骤多、耗费时间长、消耗体力大，人员工作环境差，危险系数高。

如何才能避免传统配电带电作业危险系数高、作业条件艰苦这些难题呢？可以将人工智能和带电搭火作业有机结合起来，由机器人作业代替传统的人工操作。这样既提高效率，又解决安全问题。经过设计构想和多方论证，并进行大量实验后，我们设计制作了一款单臂结构，自动更换集合头的带电作业机器人——"钢铁侠"。通过机器人作业，大大降低了劳动强度、安全风险，在提升效率的同时缩短了作业时间。不停电就能完成工作，减少停电次数，供电可靠性更高。

五、编者感悟

黎明师傅开发的"钢铁侠"，解决了公司多年带电作业的痛点。作为一名工人，他已将本职工作做到了极致，将科技创新作为继续追梦的动力。

"中国梦怎么实现？靠的是脚踏实地，靠的是责任担当。"张黎明深知，作为一名新时代的电力工人，不光要懂技术、精技能，还要不断创新。科学技术发展日新月异，设备和技术快速更新，无论哪一个行业的产业工人，面对技术问题将不再是"做精做细"那么简单，而是要自主研发、实现"从无到有"，努力钻研、实现"从有到精"。

扫码看视频

钢铁侠

创新分享 配电带电机器人——"钢铁侠"

　　"钢铁侠"结合了传感技术、识别技术、认知技术、路径规划技术等多项人工智能技术，通过对无线控制系统、计算机视觉系统、单机械臂、绝缘防护系统、智能搭火装置的设计，实现了配电带电作业远程遥控化、全过程自动化、机械设备精简化，使操作型机器设备转变为智能化机器人，颠覆了传统配电带电作业工作模式，大幅降低了安全风险，减少了人工及车辆成本。该项目获得国家电网公司第三届青年创新创意大赛金奖。

张黎明和他的"钢铁侠"

"钢铁侠"主要有以下 4 大本领：

1. 无线控制系统，实现遥控操作

通过无线控制和视频监控技术实现作业人员地面远距离遥控操作，脱离高空带电范围，保障作业人员安全。地面系统监控柜和平台系统控制柜之间通过无线电波传送信息，动力线缆全部采用内部走线，减少外部信号干扰，同时接线端采用螺旋形式布线，以提高线束的强度。

（1）无线数传台。地面系统监控柜的主控电脑采集作业人员的操控信息，通过无线数传台发送到平台系统控制柜，实现手臂的控制。

（2）示教器。在初始调试及发生故障时，使用示教器按照操作的路径动作，执行指定任务，完成带电作业。

2. "鹰眼"视觉系统，规划智能路径

采用计算机视觉的方法对被跟踪物体进行三维位置计算，建立 BP 神经网络对物体深度进行估算，从而测定作业目标位置，实时规划和控制机械臂运动，完成带电作业中数据采集、跟踪、监控等任务，保障作业过程中相对地、相间安全距离，保护设备安全。

3. 全自动智能搭火，实现高科技作业

（1）智能剥皮。内置自动剥线机构，含有两组切刀，一组旋切刀头，一组纵切刀头，两组相互配合对绝缘皮进行剥切；另外还自带一个特制的视觉摄像头，针对需要带电搭火的导线进行线径检测，将检测后的线径参数反馈给控制系统，然后自动选择导线剥皮工具自动完成剥皮，绝不损害线芯。

（2）智能搭接。该自动搭火机构，采用弹簧初期预紧方式，通过自动控制将其内置预紧力释放，达到搭接目的；通过自身视觉系统寻址到搭火装置，抓取搭火装置绝缘杆将搭火线夹固定在搭火装置上，然后自动寻址至上一工序剥皮完毕的导线区域，将搭火线夹搭接至导线剥皮区域，锁紧线夹。

（3）绝缘护套安装。绝缘安装机构对引流线夹安装防护绝缘罩。由机械臂夹持绝缘护套安装工具，将上下两部分绝缘护套固定在搭火线夹处，完成带电搭火作业。

4.六层绝缘防护，保障安全可靠

采用作业平台绝缘、机械臂绝缘、自动工器具绝缘、绝缘杆绝缘、绝缘子绝缘、斗臂车绝缘六层安全防护，保证不造成相间或接地短路。

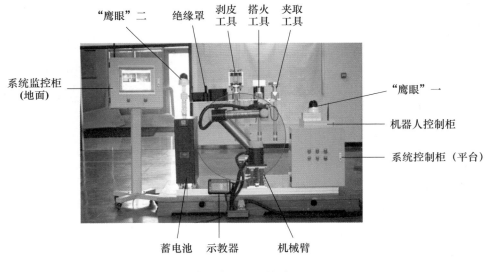

"钢铁侠"机器人整体视图

"钢铁侠"以带电作业斗臂车为载体，只需要将带电作业车原来的绝缘斗拆下，将平台固定在安装绝缘斗的支架位置即可。改装过程简单易行，对车辆的液压和控制系统不产生任何影响，车辆还原后仍然能够进行传统方式作业。

"钢铁侠"通过搭载远程遥控装置，将传统的人在绝缘平台上操作的工作方式转变为人在地面操作界面进行控制的方式。由体力消耗大、技术水平要求高的困难工作转变为轻松地控制工作，大幅提升了工作效率，为更轻松、更便捷的运用带电作业方式进行配电网检修提供了技术保障。从接近甚至接触带电线路、设备到远离带电体，避免了高空作业的风险，开创了配电带电作业人员完全"不带电"的先河。

小贴士

　　带电作业： 是指在高压电气设备上不停电进行检修、测试的一种作业方法。电气设备在长期运行中需要经常测试、检查和维修。带电作业是避免检修停电，保证正常供电的有效措施。

案例七
急修专用工具 BOOK 箱

一、关键词

工具箱、抢修工具

二、事件描述

抢修人员在工作中往往会遇到这样的问题：携带的工具较多，工具袋的容量有限，工具、备品备件只能零散地放在几个工具袋中；工具混放在一起，容易互相碰撞损坏，在核对时也不容易发现缺少哪件工具；使用时要一件一件翻找，难以找快速找到，影响抢修效率。

三、事件分析、处理过程

第一步：解决这些问题可以设计一种专用工具收纳箱，让每一件工具都有自己的"岗位"。对其他专业工具箱的优缺点进行分析，确定符合需求的箱体材质及尺寸比例。

第二步：在两个对开箱体之间增加了工具收纳隔页并采用随意停折页固定，设计成"书"的样式，在增大工具收纳空间的同时方便工具的查找选用。

第三步：采用工具定位槽收纳，实现工具的定置、定位摆放，满足分区明确的要求。

第四步：在箱内配置照明 LED 灯，解决夜间抢修寻找工具的难题。

第五步：在箱体外加装拉杆架，使工具箱使用起来更加方便、省力。

四、总结反思

  提高抢修速度是抢修人员追求的目标，对于平时遇到影响抢修效率的现象，要从根源上分析产生的原因，通过实践不断的优化改进。"急修专用工具BOOK箱"也在不断完善着：先前的轮子小，路况不好时，容易把轮子卡住，就换成大一点的轮子；先前对工具的归类不科学，就琢磨着合并同类项，既节省了空间，又方便使用。工作中要以创新为动力，不断提升抢修速度，以管理为根本，实现抢修规范化、标准化。

急修专用工具 BOOK 箱

急修专用工具 BOOK 箱外观

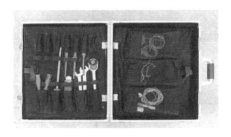

急修专用工具 BOOK 箱内部

五、编者感悟

  急修专用工具 BOOK 箱，外表看来只是一个普通的箱子，里面却是一张张的"书页"。工具和常用备件分门别类地放在适当的"书页"中，工具查找一目了然，彰显了匠心和管理智慧。该项目获得国家实用新型专利。

  创新来自对事物的观察，平时遇到一些问题，其他人看过也没放在心上，张黎明却能琢磨出其中道理，想方设法改进、再改进，创新成果水到渠成。

案例八
巧用低压保险片（一）

一、关键词

保险片、单缆、DZM 箱

二、故障描述

2009 年 6 月 7 日，某小区用户报修该小区居民楼发生断电故障。该居民楼进线电缆为单缆运行，用户为单相用户，无动力电用户。

三、故障分析、处理过程

第一步：经现场核实居民楼进线电缆为单缆运行，用户为单相用户，无动力电用户。

第二步：抢修人员确认电缆为单相接地故障。

第三步：抢修人员做好安全措施后，将故障相电缆两端挑火。

第四步：利用保险片在 DZM 箱处（楼内进线端子排）进行连接后临时为居民楼用户供电。

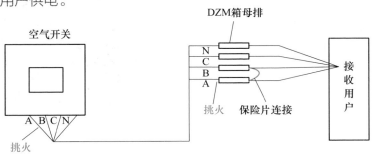

故障处理示意图

四、总结反思

抢修时，确认用户为单相用户、无动力电用户后，可采用低压保险片连接的方法进行故障临时处理。使用保险片在 DZM 箱的母排上作为连接线，可节省连接线与接线端子的压接时间，同时能解决母排间距小不易安装的问题，比使用连接线节省 30min、比查找故障修复电缆节省 3h 以上，可以实现快速送电，方便居民生活用电。

五、编者感悟

抢修工作，不仅拼干劲，更要拼速度；不仅要苦干，更要巧干。电缆故障正常修复时间需要 3h 以上，居民等待时间长一定会着急。张黎明本着以客户为中心的理念，采用临时应急措施，快速恢复送电。他对抢修中出现的问题用心琢磨，不断创新、突破，使小技巧发挥大作用。

小·贴士

DZM 箱：即住宅的电缆换线箱。主要用途是：住宅电源由一根电缆进入一个单元后，通过换线箱，把一根电缆换成多根民用供电电线，然后接到这个单位的各个住房，在住房里还有配电箱，再接到房间内的电源插座、电灯等。

DZM 箱

案例九
巧用低压保险片（二）

一、关键词
保险片、CF 箱、空气开关

二、故障描述
安装在室外的低压 CF 箱，雨季时常因密封不严造成漏雨，发生空气开关烧毁故障。该 CF 箱内低压电缆供电采用一进两出供电方式。

三、故障分析、处理过程
第一步：确认故障情况。确认为空气开关烧毁故障，检查箱体情况，母排损坏、烧毁空气开关 2 个。

第二步：确认工作方法。可采用马上更换空气开关或甩开空气开关工作。由于抢修时未带此型号空气开关，如更换空气开关需要时间较长，所以采取甩开空气开关、临时处理。

第三步：将三根电缆连接，利用保险片的轻薄方便，进行两两连接，故障修复。

故障处理过程如下图所示。

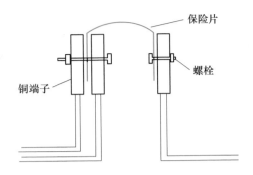

故障处理过程示意图

四、总结反思

抢修工作应以快速抢修为主，如遇空气开关烧毁故障，宜采用甩开空气开关工作方式。拆除连接电缆时，应不动铜端子、以便于恢复。考虑到不同的情况，可选择以下方法进行快速故障处理：

（1）将烧毁空气开关所带电缆并接在其他好的空气开关上使用；

（2）将两根电缆拆除利用原铜端子螺栓连接；

（3）保险片是很好的连接材料，如需连接三根以上电缆时，就可利用保险片的轻薄方便进行两两连接。

五、编者感悟

爱学习、善钻研的张黎明曾说："搞创新是第一位的，在具体工作上遇到问题，要花心思去研究对策，不解决不罢休；抢修现场遇到不顺手的事，要想方设法改进、再改进，将不顺手的事干顺溜了。"抢修现场可能遇到各种情况，可以采用小技巧，解决临时问题。

1. **低压 CF 箱**：即低压电缆分接箱，其总进线端接到变压器或者箱式变电站的低压出线端，出线端分别接到各低压用户或者低压用电设备。其内部含有开关设备，既可起电缆分接、分支作用，又可起电缆线路的控制、转换以及改变运行方式的作用。

2. **空气开关**：又名空气断路器，是一种只要电路中电流超过额定电流就会自动断开的开关。

空气开关

扫码看视频

解决 CF 箱凝露
的小方法

案例十
解决 CF 箱凝露的小方法

一、关键词
凝露、吹风机、沙子

二、故障描述
2010 年 12 月，抢修人员接到报修电话，宁波道底商发生停电故障。负责给底商供电的 CF 箱内塑壳空气开关一周前曾出现跳闸现象，此次停电怀疑为 CF 箱内空气开关再次跳闸所致。

三、故障分析、处理过程
第一步：打开 CF 箱箱门，发现空气开关跳闸，开关有凝露潮湿现象，检查电缆线路、开关均无问题。

第二步：抢修人员从用户家中借来吹风机对塑壳空气开关上的凝露进行除湿，尝试合闸，合闸成功。

第三步：继续检查后发现 CF 箱基础底部有积水，导致箱内潮湿，造成塑壳空气开关表面遇冷形成凝露。抢修人员使用沙子对箱体底部进行封堵铺设，隔绝水汽，同时扩大箱体通风孔，加快通风速度。

第四步：经过现场处理，CF 箱塑壳空气开关未再出现跳闸现象，设备运行正常，故障得到有效解决。

四、总结反思

CF 箱属于老旧型配电设备，凝露现象是冬季较为常见的现象之一，多数是基础底部积水潮湿引发的。临时处置方式可用吹风机为塑壳空气开关除湿，然后用沙子填埋基础空隙，排除积水，防止湿气进入 CF 箱内，保持箱内环境干燥。在 10kV 配电柜电缆室内，可以采用加热装置或除湿设备减少湿气。

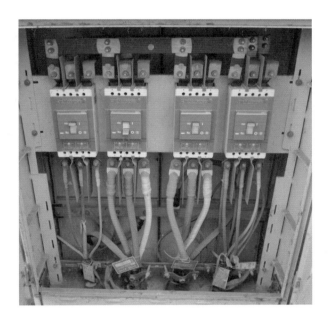

CF 箱

五、编者感悟

我们所遇到的一些常规故障，经常以惯性思维来判断，用传统常规方式去处置，但是如果我们在工作过程中，经常思考一下"起因是什么？有没有更有效的处理方法？有没有新技术、新工艺可以应用？"每一项工作都以精益求精的态度对待，那么我们每一个电力人，必将在追求卓越的道路上走得更远。

第三章
甘愿奉献　为民服务

我们每一名党员，代表着党的形象，当我们用自己的专业为百姓做力所能及的服务时，百姓感谢的其实是我们的党。

金杯银杯不如老百姓的口碑。

作为电力工人，我最欣慰的就是看见万家灯火亮起来。

电力抢修是雪中送炭、救人危急的事，干着光荣。

我就是一个为老百姓做事的供电服务员。应该让别人的生活因为有了你的存在而更加美好。

案例一
多家漏电保护器故障

一、关键词

漏电保护器、雷电过电压

二、故障描述

2011 年 4 月 20 日，黎明电力服务队接到农电所抢修求援电话，据某小区 4、5 号楼住户反映，部分住户家中漏电保护器频繁跳闸，甚至有用户出现 10~20min 跳闸一次，严重影响了住户的正常生活用电。

服务队员赴现场检测后发现，居民家中的中性线带电，4、5 号楼由两台箱式变电站供电。该小区用户家中分线箱内是物业为居民用户安装的开关：一种为带漏电保护器的开关，另一种为未带漏电保护器的普通开关。

三、故障分析、处理过程

第一步：服务队员现场对变电站和用户家中分线箱进行电压测量，测量结果均符合要求。

第二步：经判断，初步认定跳闸主因为用户家中的中性线带电，虽不属于供电设备所造成的故障，但本着对用户负责的态度，服务队员逐家进行排查，确认用户家中的中性线带电，需对该故障进行排查处理。

第三步：服务队员选定在其中一用户家中做试验，客厅电视机使用 5~6min 后，该用户家中漏电保护器跳闸，服务队员更换新的漏电保护器后恢复正常用电，且未再出现跳闸现象。

第四步：再对另一用户采用同样排查及处置后，故障得到解决，恢复正常用电，可确认该小区用电故障为用户漏电保护器故障。

第五步：通过走访了解，自从前几日雷雨天气过后，多家漏电保护器出现跳闸现象。分析认为主因疑似是由于雷电过电压，引发该类漏电保护器发生故障引起的。

四、总结反思

通常发生多户用电故障的事件，多为供电公司所属设备故障造成的，虽然本次故障为雷电过电压引发用户漏电保护器发生故障造成的，但是服务队员以对用户负责、对电网设备负责的态度，逐一对故障家庭设备进行了排查处置，不仅解决了用户的燃眉之急，更是将电力人延伸服务的真谛传递给了社区民众。

五、编者感悟

延伸服务是我们电力人做好更细致的优质服务的体现，在维护电力公司设备正常运转，保障正常输配电的同时，将服务延伸到居民家中，解民众燃眉之急，让民众受惠，让电力优质服务真正走进社区，走进民众心里。黎明师傅说，"延伸服务是对老百姓的用电安全负责，也是对我们的电网设备负责，二者相得益彰"。我们往往帮居民排除的不仅是一个小故障，更是排除了老百姓在安全用电方面的心结。

小·贴士

1. **漏电保护器**：在中性点接地的低压用电系统中，为防止由漏电引起的触电事故、火灾事故以及监视或切除一相接地故障，目前广泛采用由漏电继电器、低压断路器或交流接触器等组成的漏电保护装置。当漏电电流达到整定值时，能自动断开电路，保护人身和设备安全。被保护线路穿过零序电流互感器的圆孔，构成检测元件。当有人站在地面上发生单相触电事故或线路中某一相绝缘严重降低而导致漏电时，零序电流互感器二次侧就有电流输出，漏电保护装置通过检测元件取得发生异常情况的信息，经过中间结构的放大转换和传递，使保护装置动作，切除电源，起到保护作用。

2. **雷电过电压**：是指由于雷云放电而产生的过电压。雷电过电压与气象条件有关，由电力系统外部原因造成的，因此又称为大气过电压或外部过电压。雷电沿着架牵线路或金属管道侵入室内，危及人身安全和损坏设备。

扫码看视频

单相用户
低电压故障

案例二
单相用户低电压故障

一、关键词

用户电压低

二、故障描述

2008 年 8 月 20 日，东沽派出所用户上报供电电压低，插座电压检测为 160V，影响正常用电。东沽派出所用户为 18501005 号变台所供的用户，故障设备属于用户资产，由于当时正处于奥运保电期间，派出所急需恢复故障设备，保证正常工作用电。

三、故障分析、处理过程

第一步：检查派出所上级电源，巡视变台二次保险是否正常，行线及下户线是否有断引、断线。巡视发现，18501005 号变台所带行线、下户线无断线异常。

第二步：抢修人员首先检查电能表运行情况，经测量电能表上口和下口电压均正常，未发现异常。

第三步：测量东沽派出所部分插座电压为 160V，经过以上检查结果分析，初步判断应为用户内部故障，东沽派出所急用通信设备需要 220V 电源。

第四步：抢修人员使用电压表将墙内插座插口互相测试，结果发现故障插座中性线与相线插口之间电压为 160V，相线与接地保护线插口电压为

220V，判定中性线与接地保护线接反。

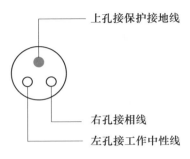

上孔接保护接地线

右孔接相线

左孔接工作中性线

插座接线示意图

第五步：将东沽派出所内的中性线与接地保护线的接线互换，再次检测电压恢复正常，故障得到解决，用户设备可正常使用。

四、总结反思

造成用户的电压低的故障原因有很多种，例如：中性线断线、线路上引线有断线或线虚的地方；还有由楼内布线施工时，错将接地保护线当中性线使用，虽刚开始能正常使用，但由于接地保护线接地不牢固，接地电阻增大或难以形成回路，经常会出现电压低的问题。

此次故障虽然属于用户内部故障，但因正值奥运保电期间，用户急需用电，本着"人民电业为人民"的公司宗旨，抢修人员在能力范围内及保障安全的基础上，解决用户所急，认真做好电力服务，保障奥运会期间用电安全。

五、编者感悟

张黎明常说："我就是一个为老百姓做事的供电服务员。应该让别人的生活因为有了你的存在而更加美好。"他是这么说的，也是这么做的。他的心里一直装着老百姓，他们的用电问题，就是张黎明的问题。

案例三
用户中性线带电

一、关键词

中性线带电、漏电保护、低压线路

二、故障描述

2012 年 10 月 3 日，新港一居民用户反映家中漏电保护器跳闸，自行更换后问题仍未解决。还有居民反映每晚 6 时左右，家中漏电保护器有跳闸现象，白天则未发现跳闸现象。

三、故障分析、处理过程

第一步：测试发现漏电保护器上下口相线、中性线均带电。挑开居民家中所有负荷，发现漏电保护器可以正常分合，从而确定是用户家中的故障设备引起的漏电保护器无法合上。

第二步：隔离居民家中设备后，再次测量，发现中性线依然带电，测得中性线电压约为 110V。在三相四线的供电方式下，当中性线某处断线时会通过电器负荷返回其他相电压形成 380V 的电压，而不是 110V。故排除中性线断线的情况。

第三步：根据多家居民反映的每晚 6 时左右家中漏电保护器跳闸，而白天却无任何异常这一现象，怀疑故障可能与路灯开启有关。逐段查找路灯线与低压线并架段，发现有一处路灯相线搭在了变压器接地极引线上。

第四步：修复这一故障后，中性线带电现象消失。故引起该故障的原因是路灯相线搭在变压器接地极引线上，使接地极带电并通过变压器反送到低压中性线上，使中性线带有部分电压。

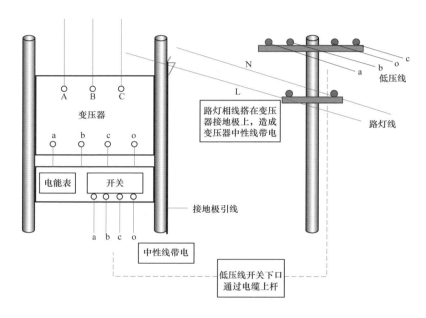

故障接线示意图

四、总结反思

居民用户的漏电保护器存在问题，一般判断应为用户内部问题，但这次故障反映出的电压很不正常。开始时，我们也感觉无从下手，找不到故障点。但是，在和其他居民了解情况时，他们反映每晚6时左右家中漏电保护器跳闸，很有规律性。根据这一信息，使我突然联想到路灯，是不是路灯线路出了问题？经过查找，找到了故障点，解决了问题。在处理故障过程中，遇到问题，要多了解相关情况。

中性线带电是较为常见的故障现象，中性线断线、中性线接地不良、相线搭接中性线、线路一相接地等都会引起中性线带电。

五、编者感悟

张黎明常说："金杯银杯不如老百姓的口碑。"在进行故障排查工作时，凭日常工作中的经验解决不了问题时，要仔细询问，多方思考，找到解决问题的关键点。张黎明凭借他的技术和对老百姓的热心，体现了他全心全意为人民服务的工作态度，也获得了老百姓的口碑。

案例四
用户漏电保护器跳闸

一、关键词

分路试送、电器故障

二、故障描述

2013 年 6 月 15 日，配电抢修班接到报修电话，丹东里一居民用户家中漏电保护器无法合闸，家中用电设备无法正常使用。

三、故障分析、处理过程

第一步：抢修人员到达现场后，测量电能表上口、下口电压值均正常。关闭室内所有分路开关，试送总闸漏电保护器，显示正常。

第二步：将室内冰箱、电视等所有电器电源断开，避免设备损坏。

第三步：通过分路试送各个回路均监测正常。

第四步：分别合上室内和大厅各个照明用电设备，均正常。

第五步：逐个检查各电器设备是否存在故障。插上单个电器电源插座、将其他电器电源断开，打开各设备电源，用电正常后检查下一个电器设备。

第六步：插上电水壶电源插座时总闸漏电保护器跳闸，证明电水壶引发故障。

四、总结反思

通常在查找室内线路故障时，我们可以运用配电线路故障查找的方法，尤其是有分路开关的布线方式，通过分别试送分路开关，加快查找故障。此类故障，有可能是用户室内分路漏电保护器与总闸漏电保护器配合不好造成的。一般室内线路故障大多与故障电器有关，线路本身故障不常见。为避免出现此类情况，我们需加强对居民用户普及用电安全知识的宣传，讲解漏电保护器及常用电器设备的用电知识和常见故障处理方法，提高居民安全用电意识。

五、编者感悟

用户家中电器故障虽不属于电力公司管辖范围，但本着以客户为中心的理念，急民之所急，解民之所忧，我们电力人要将优质服务送到居民家中，印到居民心里。黎明师傅常说，"抢修工作不但要讲效率、懂技术，更要有良心、讲党性。"这也是我们每一个电力人，每一名党员的行为规范。

案例五
"孪生卡" 的诞生

一、关键词

购电卡、电能表箱

二、故障描述

2015 年 7 月 3 日 11 时 20 分，抢修班接到报修电话，某小区一居民用户家里刚换了智能电能表，因操作不慎，在插卡充值时购电卡掉入表箱内，由于用户不能自行拆开表箱铅封取卡并担心安全问题，所以申请报修。

三、故障分析、处理过程

第一步：抢修班接令后快速响应，安排两名队员携工具驱车前往，约 20min 后到达现场。

第二步：核实用户信息并确定问题情况后，队员用工具拆开表箱铅封，开箱取出购电卡。

第三步：确定箱体完好及无遗留物品后，队员合箱并重新制作铅封锁紧表箱。

四、总结反思

通过月度安全分析会统计发现，300 多次的报修都是由于用户不慎将购电卡掉入表箱内所致。问题虽小，但因用户不能自行拆箱取卡，需要抢修人员到达现场后才能进行处理，不仅占用了抢修人员大量宝贵的时间，在一定程度上也造成了资源浪费。

"孪生卡"的发明

如何减少时间及成本的浪费，从根本上解决这个问题，摆在了我们面前。经过不断的实践论证，从一串钥匙获取灵感，我们发现如果在插卡时，外部有其他物体牵引，那么卡片就不容易掉入箱内，也很容易将其取出。源于此，我们用与购电卡同样材质大小的卡片，制作了"便民服务卡"，将购电指南、服务电话、服务理念等印在卡上，服务卡与购电卡穿孔后用钢环相连，形成"孪生卡"，从根本上解决了购电卡掉入箱内的问题。

孪生卡

五、编者感悟

"孪生卡"的诞生，看似一个小改进，实则服务客户的金点子，既解决了长期困扰客户的掉卡烦恼，也节省了运维成本，还将"你用电、我用心"的理念深入千家万户，可谓一举多得。张黎明曾说："干工作不能光埋头干，还得琢磨怎么才能干好。"作为一名电力人，要勤于思考、勇于实践，工作场所即创新阵地，用户服务即前进动力，往往"小"改进可以解决"大"问题。

小·贴士

电能表箱：一般是沿电力设施到户的一个终端铺设，每户都需要一个表箱。根据材质区分，表箱有金属表箱和非金属表箱。根据表位数区分，表箱主要有单表位表箱、多表位表箱。根据用途区分，有单相表表箱、三相表表箱、混合表箱以及采集箱。不同的表箱内部元器件配置也不尽相同。表箱常见故障多为主要电器元件如进、出线开关损坏，以及表箱本体破损引起的脱落或漏电等。

扫码看视频

小门灯、亮万家

案例六
小门灯、亮万家

一、关键词

老旧小区、声光控 LED 灯

二、故障描述

2016年3月5日，黎明服务队到福建西里进行抢修工作并看望孤残老人，发现这个社区的楼道灯不亮。其他老旧小区的楼道也普遍存在这种情况。这对居民，尤其是老人的日常生活造成很大困难。老人上下楼本就不方便，再加上光线不好，行动更加困难。

三、故障分析、处理过程

第一步：考虑在楼道内增加楼道灯。通过比较，选择了一种既便宜又省电的声光控 LED 节能灯泡。

安装声光控 LED 节能灯

第二步：对有公共线路的楼道，直接在每层安装声光控 LED 节能灯。

第三步：对没有公共线路的楼道，在居委会的协调下，每个楼层招募一名志愿者，在其电能表箱内引出接线给声光控 LED 节能灯供电。

第四步：开展"节能互助·照亮邻里——老旧小区楼道照明改造行动"，为更多的居民楼安装楼道灯。

安装楼道灯

四、总结反思

楼道灯看似小事，却牵系着老百姓的日常生活。没有楼道照明，居民上下楼很不方便，如何改变？安装楼道照明灯是最便捷的，但是需要整理楼道内的线路，购买灯泡。经过队员的集体头脑风暴，灯泡选择既便宜又省电的，还能声光控的 LED 节能灯泡。一只 3W 的 LED 节能灯泡只需 3kWh 电就能维持一年的楼道照明，电费只需一元五角钱。有些小区整个楼层都没有公用电路，取电是个问题，电费也是问题。后来，通过居委会协调，说服居民加入志愿者队伍，每层楼有一户提供电源引线和电费，使老旧小区楼道照明改造计划顺利实施推广。

五、编者感悟

"黎明"党员服务队常年开展志愿服务活动，其中包括"节能互助·照亮邻里"老旧小区楼道照明改造计划。还成立"黎明·善小"微基金，用善款购买节能灯泡，主动协调居委会及居民，促进活动落地开花。从 2016 年项目启动至今，共点亮了 37 栋老旧楼房 148 个"黑楼道"，使得 2000 多户居民从此不再摸黑爬楼。

张黎明始终坚信"服务没有最好、创新就能更好"。如何在服务中创新，为客户提供更加优质的服务。一要有爱心、热心，二要能用心观察，三要靠过硬本领。张黎明遇到的问题，相信很多人之前都遇到过，为什么张黎明能开启"节能互助·照亮邻里"惠民志愿行动？那是因为他时刻怀着关爱群众的真心，加上社区居委会同志的热心和广大群众的爱心，"心""心"点灯，就把大家的"心"照亮了！

小·贴士

1.LED 节能灯：即半导体发光二极管，使用高亮度白色发光二极管发光源，光效高、耗电少、寿命长，易控制、免维护、安全环保。LED 灯发热量不高，把电能尽可能地转化成光能，而普通灯因发热量大把许多电能转化成了热能。对比而言，LED 灯更加节能。

2. 声光控 LED 灯：LED 灯集成声光控功能，集声控、光控、延时自动控制技术为一体，内置声音、光效感应元件。白天光线较强时，受光控自锁，有声响也不通电开灯；当傍晚环境光线变暗后，开关自动进入待机状态，遇有说话声、脚步声等声响时，会立即通电亮灯，延时半分钟后自动断电；延长灯泡寿命 6 倍以上，节电率达 90%；既可避免摸黑找开关造成的摔伤、碰伤，又可杜绝楼道灯有人开、没人关的现象。

扫码看视频

巧用工具处理
埋墙线

案例七
巧用工具处理埋墙线

一、关键词

无齿锯、铜连接管、压接钳

二、故障描述

2016 年 7 月 20 日，气温达到 37℃，滨海新区某小区居民用户报修居民楼整个门栋无电。741 号线路所带架空变压器台区，底商和居民楼为混合用电。

三、故障分析、处理过程

第一步：抢修人员到现场检查发现变压器保险熔断，检查线路未发现异常，更换保险后送电，变压器保险立刻从中间熔断（怀疑短路故障）。

第二步：再次逐户询问查找，一商铺反映墙角处有声响，检查发现一挡板后面墙内塑铜线短路，从墙外进线处挑火送电正常。

第三步：处置后，商铺用电正常，但楼上居民用户没电。由于天气异常炎热，居民等待恢复供电的心情非常急迫，但是墙内线归属用户产权。经过协调，由居民用户出材料，抢修人员进行义务施工。

第四步：制定两种解决方案：一是重新放电缆，从架空线处搭火至二楼居民表箱，需用 50mm^2 电缆 30m。但由于购买电缆的费用需居民自行筹措，短时间内筹措完成难以实现。二是在故障点处重新接线，将原有塑铜线重新搭接。由于塑铜线在铁管内没有裕量，商铺不让扩大墙面孔洞、破坏墙体。

第五步：为了尽快恢复用户供电，经过比较决定实施第二种方案。经现场勘查和施工方案比对，决定用无齿锯锯开铁管，采用电缆中间接头压接的方法，用铜连接管连接断线，使用压接钳将接续部位压接紧实，最后用绝缘胶带做绝缘处理。采用这种方法克服了孔洞小，不能接线辅绑的困难。在不破坏商户墙面，又不需要重新敷设电缆的情况下，完成了及时恢复居民供电的任务。

四、总结反思

在抢修实施中，我们面临着种种困难。面对诸多不利局面，不能蛮干，必须巧干。炎热天气下及时恢复用电，让居民和商户满意，成为此次配电设备抢修工作的重中之重。开展抢修工作，解决好楼内环境及墙体等问题、考虑用户的配合意愿与程度的问题，我们更多注意用户的需求和利益，也直接为用户带来了更好的、更满意的服务。

五、编者感悟

张黎明说："我们每一名党员，代表着党的形象，当我们用自己的专业为百姓做力所能及的服务时，百姓感谢的其实是我们的党。"他在为老百姓服务中，时刻想着自己是一名优秀共产党员，时刻维护党在群众中的形象。

"黎明" 笔记

小·贴士

压接：就是接线端的金属压线筒包住裸导线，用手动或自动的专用压接工具对压线筒进行机械压紧而产生的连接，是让金属在规定的限度内发生变形将导线连接到接触件上的一种技术。好的压接连接会使金属互溶流动，使绞合导线和接触件材料对称变形。这种压接连接类似于一种冷焊连接，从而得到好的机械强度和连续性。

案例八
低压用户相线漏电故障

一、关键词
相线、漏电

二、故障描述
用户报修家中漏电保护器跳闸后，合不上闸。

三、故障分析、处理过程
第一步：检查漏电保护器外观，无老化、过火、变形等情况。

第二步：检查漏电保护器复位按钮是否复位，确定复位后仍不能合闸。

第三步：拔掉所有家用电器电源线插头后，漏电保护器仍不能合闸，初步判断家用电器无问题。

第四步：检查漏电保护器接线，未发现问题。拆除下口接线，可以合入，初步判断漏电保护器正常。

第五步：检查漏电保护器下口线路的接线盒、灯口处等，未发现明显问题。

第六步：用兆欧表测量后，确认相线对地绝缘电阻低。

第七步：将漏电保护器下口中性线、相线颠倒，将与墙体漏电的相线改为中性线使用，送电正常。

第八步：送电后，督促用户及时更换故障段电线，并将相线、中性线倒回。

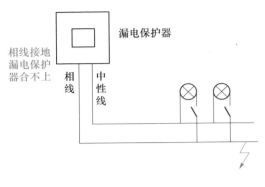

相线接地故障

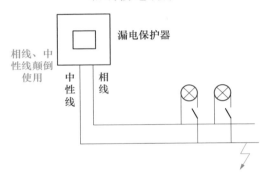

相线改中线后恢复供电

四、总结反思

　　在相线绝缘电阻不合格的情况下，将相线、中性线反接，由于中性线电压很小，泄漏电流几乎为零，一般情况下漏电保护器不跳闸，所以应用此方法可以为用户临时供电。但是，一些家电的控制开关是用来控制相线的。相线、中性线反接后，控制开关改为控制中性线，断开控制开关后，家电内部仍然带电，存在用电安全问题。所以，此方法只可作为临时处理方法，不能长时间相线、中性线反接用电。故障段线路必须尽快处理，及时恢复正常接线方式。

五、编者感悟

张黎明在处理这个故障时，很大胆，也许会引起一些争议。但是他本着为人民服务的精神，依靠自己的丰富经验和细致工作，及时解决用户的问题，将延伸服务真正做到了细微之处。他常说："电力抢修是雪中送炭、救人危急的事，干着光荣。"

附录 A
黎明精神系列课程

课程名称	课程介绍
践行黎明精神 ——公诚仁中行 	本课程通过总结提炼黎明精神的核心思想，以"公、诚、仁、中、行"为主题，概括出员工需具备的政治素养、道德素养、职业素养3个层面、共13项内容。通过介绍公、诚、仁、中、行的内涵，号召全体员工向时代楷模张黎明学习，使学员深入了解张黎明同志的优秀品格，加深理解黎明精神的精髓，从而激发学员自主发掘自身的闪光点和学习切入点，找到学习的方向，增强提升自我素养的信心，最终实现自我成长、提升的同时，为公司的发展做出贡献
不忘初心，继续前进 	习近平总书记提出了"不忘初心、继续前进"的重要论述。公司的青年干部，作为时代潮流的中间力量，公司人才储备的重要力量，更要做到不忘初心。本课程以青年干部的初心为主题，从革命战争时期情报员们的初心，到改革开放时期焦裕禄等人的初心，最后通过国家电网张黎明为人民服务的初心讲述初心的内涵。并从三个方面：敢做磨而不磷的坚定者，争做朝乾夕惕的奋进者，勇做无所畏惧的搏击者讲述如何做到不忘初心。青年干部在工作中难免会有坎坷与挫折、迷茫和诱惑，只有"不忘初心"，坚持到底，才能最终达成目标
做精益求精的执行者 	精益求精的精神是自古及今、绵延百代孜孜以求的，是改革开放的时代需要。精益化也是国网公司"六化战略方针"中的重要一环。作为一般管理者，应对本职工作刻苦钻研、努力做到好上更好。本课程以一般管理者要做精益求精的执行者为主题，结合张黎明身上"工作讲究不将就，用心钻研，不断自我完善和自我超越"的精益求精的精神，介绍了一般管理者应保持精益求精的工作态度，并养成善于发现、精于总结的工作方法。最终实现管理工作上的优化提升、流程上的提高效率

课程名称	课程介绍
新员工 ——职业认同感 	本课程以新员工的职业认同感为主题，通过张黎明身上对岗位的热爱事迹，激发新员工爱岗敬业、成长成才的意识。电力工作是具有挑战性也充满压力的工作，作为一名电网员工，在面临自己的事业时，是把它视为谋生的职业还是终身发展的事业，这对电网人员至关重要。因此，培养良好的职业认同感对于青年员工必不可少。本课程结合黎明精神中的职业认同感，从什么是职业认同感、如何培养职业认同感两个方面讲解，帮助青年员工能够立足岗位，实现快速成长
党员亮身份，百姓就信任 ——"节能互助照亮邻里"志愿服务项目 	作为共产党员要深刻认识自己的责任，牢固树立党的意识，充分体现共产党人的先进性。本课程以党员亮身份，百姓就信任为主题，结合黎明服务队开展的"节能互助点亮邻里"志愿服务项目，生动地诠释了节能互助，照亮的不仅是邻里，同时也照亮了党员的身份、责任和力量。黎明服务队真正做到了联系群众，服务群众，并受到了广大用户群众称赞。一名党员一面旗帜，一枚党徽一份责任。作为共产党员，要做到事事当先锋、做表率，彰显共产党员的担当，才能不负共产党员的称号
善小常为，精准帮扶，共筑党群"连心桥" 	"坚持全心全意为人民服务的宗旨"是我们党的最高价值取向，也是我们每个党员必须践行的誓言。习总书记指出："只要我们永不动摇信仰，永不脱离群众，我们就能无往而不胜"。 本课程以共筑党群"连心桥"为主题，立足于电力行业中的党员，结合张黎明在用电维护和日常生活中都时刻心系群众，开展帮扶活动等的事迹，讲述了作为一名党员，要密切联系群众，保持党同人民群众的血肉联系，共筑和谐的党群关系。要在实践中不断锤炼党性修养，充分发扬优良的工作作风，架起与群众服务的桥梁

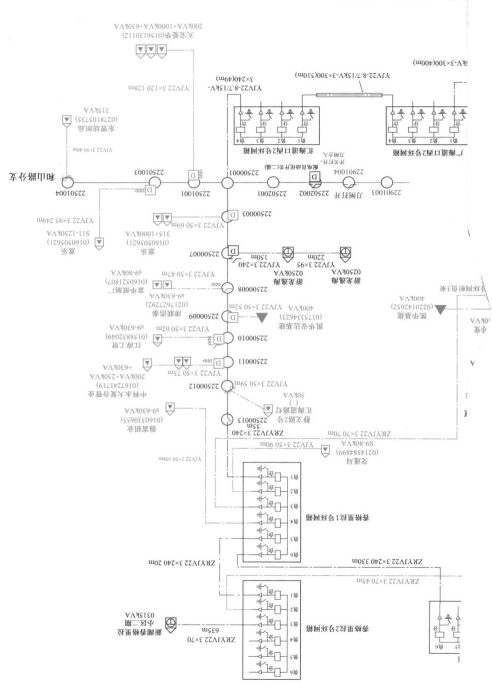

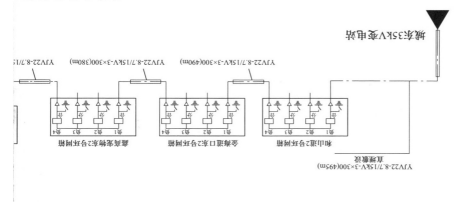

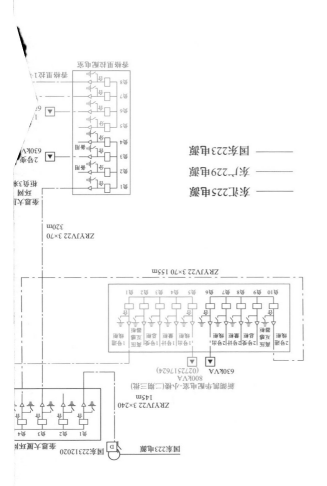